特色森林植物资源开发与利用丛书

木豆内生真菌分离、鉴定及其应用

付玉杰 杨 清 孟 冬 牛丽丽 著

科学出版社

北 京

内 容 简 介

本书以木豆内生真菌为研究对象,对木豆内生真菌分离、鉴定及其应用的研究成果进行了汇编总结。全书共分6章,主要介绍了木豆及其内生真菌的研究概况;木豆内生真菌的分离、纯化及鉴定;特异性木豆内生真菌发酵生产木豆功能活性成分;特异性木豆内生真菌发酵生产黄柄曲霉素及其生物防治应用,以及特异性木豆内生真菌发酵生产漆酶及其染料脱色应用。内容汇集了著者长期积累的教学与科研经验,旨在为从事植物内生真菌研究的工作者提供较系统的理论知识和较全面的实用技术。

本书可作为高等院校药学、植物学、微生物学、农学、食品科学等相关专业高年级本科生或研究生教学用书或实验参考用书,也可作为相关行业科技工作者的参考用书。

图书在版编目(CIP)数据

木豆内生真菌分离、鉴定及其应用 / 付玉杰等著. —北京:科学出版社,2020.11

(特色森林植物资源开发与利用丛书)

ISBN 978-7-03-066778-6

Ⅰ. ①木… Ⅱ. ①付… Ⅲ. ①木豆—内生菌根—研究 Ⅳ. ①S793.9

中国版本图书馆CIP数据核字(2020)第221102号

责任编辑:马 俊 白 雪 / 责任校对:郑金红
责任印制:吴兆东 / 封面设计:无极书装

科学出版社 出版
北京东黄城根北街16号
邮政编码:100717
http://www.sciencep.com

北京虎彩文化传播有限公司 印刷
科学出版社发行 各地新华书店经销

*

2020年11月第 一 版 开本:720×1000 1/16
2020年11月第一次印刷 印张:8 3/4
字数:180 000

定价:108.00元
(如有印装质量问题,我社负责调换)

前　言

木豆[*Cajanus cajan* (L.) Millsp.]，是豆科木豆属一年生或多年生木本植物，也是迄今世界上唯一的一种木本多用途豆类作物，主要在热带和亚热带地区栽培，在印度栽培尤广，被称为"长在树上的大豆"。在我国，木豆主要分布于云南、海南、四川、江西、湖南等地，是一种重要的药食同源经济林木。木豆中含有木豆芪酸、牡荆苷、异牡荆苷、球松素、芹菜素、木犀草素、染料木素、荭草苷、cajanol等重要活性成分。

植物内生真菌（endophytic fungi）是在植物体内生存并对寄主无害的一类真菌，同时也是一种新型的生产次生代谢产物的宝库，其能够产生与寄主植物相同、结构相似或新的活性次生代谢产物，这些物质具有抗菌、抗氧化、抗癌等活性，在医药、农业、工业中具有巨大的应用价值。通过植物内生真菌来生产活性成分具有成本低、速度快、环境友好、产量多等诸多优点，可替代传统的技术手段获取植物次生代谢产物，从而增加其经济效益和生态效益。

以植物资源作为药用活性成分来源，面临着再生速度缓慢、受自然环境影响显著、容易造成生态破坏等问题，这在一定程度上制约了植物源活性成分产品的开发。而植物内生真菌可以通过发酵技术和培养条件优化来大幅度提高其寄主活性成分的产量，有利于工业化大规模生产与利用。从木豆中分离内生真菌获得次生代谢活性成分，将为木豆内生真菌在医药、农业、工业等领域的商业化开发与应用提供科技支撑和产业化新思路，并对研究内生真菌次生代谢产物的形成机制奠定理论基础。

本书是付玉杰教授及其研究团队多年研究成果的总结，研究团队先后系统地对木豆内生真菌的分离、鉴定及其应用做出了大量科学、细致的研究工作。本书对于药用植物内生真菌生产活性物质的开发与应用具有积极的借鉴作用，对推动药用植物内生真菌资源的深度开发利用具有重要的指导意义。付玉杰教授在本书总体设计、章节结构与内容、统稿修订等方面倾注了大量心血，并具体负责第1章、第5章（部分内容）撰写，杨清博士负责第2章、第3章、第4章撰写，孟冬博士与牛丽丽博士负责第5章（部分内容）、第6章撰写。感谢博士研究生高原、赵晋彤，硕士研究生姚美玲、孙娇和王庆芳等对本书研究内容所做的大量工作。本书可作为本科生、研究生的教学教材用书，也可作为相关专业技术人员科学研究的参考书。限于时间和作者水平等，不足与疏漏之处恳请各位读者批评指正。

作　者
2020年11月

目 录

第1章 绪论 ·· 1
1.1 植物内生真菌简介 ··· 1
1.1.1 植物内生真菌的定义 ·· 1
1.1.2 植物内生真菌的特性 ·· 1
1.1.3 植物内生真菌的生物学作用 ··· 3
1.2 木豆研究概况 ·· 6
1.2.1 木豆简介 ··· 6
1.2.2 木豆的主要化学成分 ·· 8
1.2.3 木豆的主要药理活性 ·· 8
1.3 植物内生真菌产物的生物活性研究 ·· 11
1.3.1 植物内生真菌的抗氧化活性研究 ··· 12
1.3.2 植物内生真菌的抗菌活性研究 ·· 13
1.3.3 植物内生真菌的抗肿瘤活性研究 ··· 14
1.3.4 植物内生真菌的生物防治病虫害研究 ··· 15
1.3.5 植物内生真菌的漆酶染料脱色研究 ·· 16
1.3.6 植物内生真菌的其他生物活性研究 ·· 19
参考文献 ·· 20

第2章 木豆内生真菌的分离、纯化及鉴定 ··· 29
2.1 木豆内生真菌的分离与纯化 ··· 29
2.1.1 样品表面消毒及消毒效果检查 ·· 29
2.1.2 内生真菌的分离与纯化 ··· 30
2.2 木豆内生真菌的鉴定 ·· 30
2.2.1 形态学鉴定 ·· 30
2.2.2 分子生物学鉴定 ·· 31
2.3 结果与讨论 ·· 34
2.3.1 木豆内生真菌的分离及鉴定 ··· 34
参考文献 ·· 37

第3章 特异性木豆内生真菌发酵生产木豆功能活性成分 ································ 38
3.1 特异性产木豆活性成分内生真菌的筛选及鉴定过程 ··································· 38
3.1.1 特异性产cajanol木豆内生真菌的筛选 ·· 38
3.1.2 特异性产CSA木豆内生真菌的筛选 ··· 39

3.1.3 特异性产木豆活性成分内生真菌的鉴定 …………………………… 39
3.2 特异性产木豆活性成分内生真菌的发酵工艺优化设计 ……………………… 40
　3.2.1 种子培养 ……………………………………………………………… 40
　3.2.2 发酵培养 ……………………………………………………………… 40
　3.2.3 活性成分的提取方法 ………………………………………………… 40
　3.2.4 活性成分的定量方法 ………………………………………………… 40
　3.2.5 内生真菌的发酵条件单因素优化 …………………………………… 41
　3.2.6 中心组合设计与响应面优化活性成分的产量 ……………………… 41
3.3 特异性产木豆活性成分内生真菌发酵产物的分离纯化设计 ……………… 42
　3.3.1 内生真菌的发酵培养及CSA粗提物的制备 ………………………… 42
　3.3.2 中压正相柱层析分离纯化木豆芪酸 ………………………………… 42
　3.3.3 中压反相柱层析分离纯化木豆芪酸 ………………………………… 43
　3.3.4 结构鉴定 ……………………………………………………………… 43
3.4 特异性产木豆活性成分内生真菌发酵产物的活性评估 …………………… 44
　3.4.1 特异性产cajanol内生真菌发酵产物的活性评估 …………………… 44
　3.4.2 特异性产CSA内生真菌发酵产物的活性评估 ……………………… 45
3.5 结果与讨论 …………………………………………………………………… 49
　3.5.1 特异性产木豆活性成分内生真菌的筛选及鉴定 …………………… 49
　3.5.2 特异性产木豆活性成分内生真菌的发酵工艺优化 ………………… 61
　3.5.3 特异性产CSA内生真菌发酵产物的分离纯化 ……………………… 69
　3.5.4 特异性产木豆活性成分内生真菌发酵产物的活性评估 …………… 72
参考文献 ……………………………………………………………………………… 78

第4章 特异性木豆内生真菌发酵生产黄柄曲霉素及其生物防治应用

4.1 特异性产黄柄曲霉素木豆内生真菌的筛选及鉴定过程 …………………… 81
　4.1.1 抗菌活性菌株的初筛 ………………………………………………… 81
　4.1.2 木豆内生真菌液体培养及发酵物的提取 …………………………… 81
　4.1.3 抗菌活性菌株的复筛 ………………………………………………… 81
　4.1.4 LC-MS/MS检测特异性产黄柄曲霉素木豆内生真菌 ……………… 82
　4.1.5 特异性产黄柄曲霉素木豆内生真菌的鉴定 ………………………… 82
4.2 特异性产黄柄曲霉素木豆内生真菌的发酵工艺优化设计 ………………… 82
　4.2.1 发酵培养 ……………………………………………………………… 82
　4.2.2 发酵条件单因素优化 ………………………………………………… 83
　4.2.3 中心组合设计与响应面优化发酵液中黄柄曲霉素的含量 ………… 83
　4.2.4 统计学处理 …………………………………………………………… 84

4.3 特异性产黄柄曲霉素木豆内生真菌发酵产物的分离纯化设计 ·········· 84
 4.3.1 内生真菌的发酵培养及黄柄曲霉素粗提物的制备 ·········· 84
 4.3.2 中压正相柱层析分离纯化黄柄曲霉素 ·········· 85
 4.3.3 结构鉴定 ·········· 86
4.4 特异性黄柄曲霉素木豆内生真菌的生物防治的应用 ·········· 86
 4.4.1 黄柄曲霉素对病原真菌菌丝生长的影响 ·········· 86
 4.4.2 黄柄曲霉素对病原真菌孢子萌发的影响 ·········· 87
 4.4.3 黄柄曲霉素对病原真菌细胞膜通透性的影响 ·········· 87
 4.4.4 黄柄曲霉素对病原真菌菌丝脂质过氧化的影响 ·········· 87
 4.4.5 黄柄曲霉素对大豆根腐病的盆栽防治效果测定 ·········· 88
 4.4.6 统计学处理 ·········· 88
4.5 结果与讨论 ·········· 89
 4.5.1 特异性产黄柄曲霉素木豆内生真菌的筛选及鉴定 ·········· 89
 4.5.2 特异性产黄柄曲霉素木豆内生真菌的发酵工艺优化 ·········· 95
 4.5.3 特异性产黄柄曲霉素内生真菌发酵产物的分离纯化 ·········· 100
 4.5.4 特异性产黄柄曲霉素木豆内生真菌的生物防治应用 ·········· 102
参考文献 ·········· 106

第5章 特异性木豆内生真菌发酵生产漆酶及其染料脱色应用 ·········· 107
5.1 特异性产漆酶木豆内生真菌的筛选及鉴定过程 ·········· 107
 5.1.1 特异性产漆酶木豆内生真菌的筛选 ·········· 107
 5.1.2 漆酶酶活测定 ·········· 108
 5.1.3 特异性产漆酶木豆内生真菌的鉴定 ·········· 108
 5.1.4 统计学处理 ·········· 108
5.2 特异性产漆酶木豆内生真菌的发酵工艺优化设计 ·········· 108
 5.2.1 主要培养基及有关试剂的配制 ·········· 108
 5.2.2 内生真菌R-37培养 ·········· 109
 5.2.3 漆酶酶活测定 ·········· 109
 5.2.4 菌体生物量测定 ·········· 109
 5.2.5 内生真菌R-37发酵条件单因素优化 ·········· 110
 5.2.6 中心组合设计与响应面优化漆酶的产量 ·········· 110
 5.2.7 统计学处理 ·········· 111
5.3 特异性产漆酶木豆内生真菌的染料脱色的应用 ·········· 111
 5.3.1 试剂配制 ·········· 111
 5.3.2 漆酶酶活测定 ·········· 111

  5.3.3 最适反应温度及热稳定性 ········· 111
  5.3.4 最适反应pH及pH稳定性 ········· 111
  5.3.5 染料脱色体系的建立 ········· 112
  5.3.6 染料脱色率的测定 ········· 112
  5.3.7 统计学处理 ········· 113
 5.4 结果与讨论 ········· 113
  5.4.1 特异性产漆酶木豆内生真菌的筛选及鉴定 ········· 113
  5.4.2 特异性产漆酶木豆内生真菌的发酵工艺优化 ········· 116
  5.4.3 特异性产漆酶木豆内生真菌的染料脱色应用 ········· 123
 参考文献 ········· 130

第6章 展望 ········· 131

第1章 绪 论

1.1 植物内生真菌简介

1.1.1 植物内生真菌的定义

植物内生真菌是指某一时期在寄主植物体内生存,但并不使寄主植物组织表现出病害症状的一类真菌(Wilson,1995)。内生真菌的概念是区别于寄生真菌、腐生真菌及病原真菌的,它是一种能够与寄主植物互惠共生的真菌。因此,内生真菌既包括专性寄生真菌,也包括潜伏性的病原真菌,同时还包括营表面腐生的腐生真菌及菌根真菌(Zhang et al., 2006;Saikonen et al., 2004)。植物内生真菌与寄主植物互惠共生的关系表现在:一方面,寄主植物可以为内生真菌提供光合作用的产物和微量元素等;另一方面,植物内生真菌可以刺激寄主植物的生长发育,同时提高寄主植物对来自外界环境中的生物及非生物胁迫的抵抗能力(官珊等,2005)。最早有关植物内生真菌的记录是在1833年,有人从小麦叶片中发现了一种类似铁锈状的不明物质,被称为"outgrows",后来确定其为一株真菌。由于这部分真菌没有使植物产生感染,往往被人们所忽略,因此,它的存在及作用长期以来一直未被重视。直到1993年,Stierle等(1993)从药用植物短叶红豆杉(*Taxus brevifolia*)中分离获得了一株能产生抗癌药物紫杉醇的内生真菌安德烈亚紫杉霉(*Taxomyces andreanae*)。此后,人们认识到在筛选新的生物活性物质方面,药用植物内生真菌的作用将越来越重要(Nisa et al., 2015;Tao et al., 2014;Wubshet et al., 2013;Li et al., 2007;Strobel et al., 2003)。近年来,随着各国学者对植物内生真菌研究范围越来越广泛,研究层次越来越深入,有关植物内生真菌在植物保护、微生物农药及生物医药等领域的应用逐渐增多,而植物内生真菌资源也越来越受重视(左玮,2014;马养民和赵洁,2010;杨润亚等,2006)。植物内生真菌资源更由于具有来源广、种类多、生物学效应多等优势,成为国内外研究的热点之一。

1.1.2 植物内生真菌的特性

植物内生真菌具有普遍性、专一性及多样性等特点。

内生真菌来源广、种类多、在植物体内普遍存在,目前所有研究过的植物中均检测到了内生真菌的存在(Rodriguez et al., 2009;Rodriguez et al., 2008;Corroll,1988)。并且内生真菌的种类和数量随着植物地域、生长环境、生长阶段及营养供给等的不同而有所不同,即使是同一种植物的不同组织器官所分离得到的内生真菌的种类和数量也是不同的(孙剑秋等,2008;Kumar and Hyde,2004)。通常情况下，生长在亚热带、热带植物体内的内生真菌较生长在干燥、寒冷环境下植物体内的内生真菌种类和数量多些，生长速度快的植物体内的内生真菌较生长速度慢的植物体内的内生真菌种类和数量多些，而生长时间短的植物体内的内生真菌则较生长时间长的植物体内的内生真菌种类和数量少些（王坚等，2008）。

研究表明，有些植物内生真菌具有在宿主种水平上的专一性，即某些内生真菌只可以从特定的植物当中分离获得，而从其他的植物体内则检测不到这种内生真菌的存在（Rodriguez et al.，2009；Sieber and Hugentobler，1987）。早在1977年，Carroll等（1977）就对法国和瑞士7种针叶植物不同组织中的内生真菌群落进行分析，提出了内生真菌菌群专一性的假说。随着研究的深入，这一假说也逐渐被再次证明和接受（Eedlin and Carris，1996）。造成这种现象的原因可能是内生真菌在植物体不同的组织内可以利用的基质不用，因此内生真菌选择利用不同的生活方式来适应不同的生活环境。

植物内生真菌普遍存在于多种植物体内，寄主广泛、种类繁多、多样性显著（图1-1）（Arnold，2007）。目前研究的木本植物、草本植物，甚至在苔藓植物、蕨类植物中也发现了内生真菌的存在（Anandak and Sridhark，2002；Siegelm et al.，1984）。而在不同的植物体内分离获得的内生真菌种类和数量也是不同的，少则几种、几十种，多则上百种（曹可可等，2015）。对于全球植物内生真菌的预测，尚没有统一定论。1991年，Petrini估算全球已知的25万种植物中内生真菌总数超过100万种；2001年，Hawksworth按真菌种类与植物种类6∶1的比例计算，估算植物内生真菌有150万种左右（Petrini，1991；Hawksworth，2001；赵相超，2013）；2007年，Mueller和Schmit（2007）估算最小的真菌种类大约为71.2万种。根据学者的研究，由于还有许多内生真菌未被发现或很难培养而未被研究，因此，这些数字是相当保守的。可见内生真菌作为一种新资源为人们提供了新的研究方向和途径。

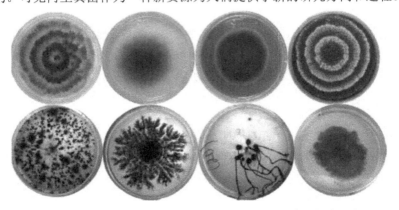

图1-1　内生真菌种类展示图（Arnold，2007）（彩图请扫封底二维码）

内生真菌包括子囊菌类（Ascomycetes），由核菌纲（Pyrenomycetes）、腔菌纲（Loculoascomycetes）和盘菌纲（Discomycetes）等许多种类及它们的一些无性型及其衍生菌组成，也包括了少数接合菌（Zygomycotina）和担子菌（Basidiomycota）。已知的内生真菌寄主植物，主要涉及藻类、针叶树、灌木和草本等多个类群。禾草内生真菌和非禾草内生真菌为内生真菌的两种类型。禾草内生真菌为子囊菌类的瘤座菌属（*Balansia*）和香柱菌属（*Epichloë*），及其无性型*Ephelis*属和*Neotyphodium*属，该类内生真菌多数与宿主表现明显的互惠共生关系（Clay，1988），且在禾本科植物较为常见，目前已在多个属的几百种禾本科植物中发现了与之共生的内生真菌。不同植物中不同种类的内生真菌所占比例也各不相同（图1-2）。非禾草内生真菌具有多样性，基本上属于子囊菌，几乎所有植物的各类器官均可分离得到。它们与宿主的关系也比较灵活，且相互作用的状态易受多种因素的影响（Rodriguez et al.，2009；Arnold，2007）。

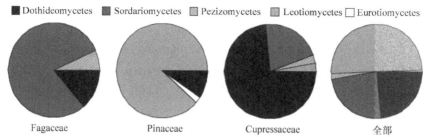

图1-2　不同种类的内生真菌在不同科植物中的分布情况（Arnold，2007）

座囊菌纲（Dothideomycetes）、粪壳菌纲（Sordariomycetes）、盘菌纲（Pezizomycetes）、锤舌菌纲（Leotiomycetes）、散囊菌纲（Eurotiomycetes）、山毛榉科（Fagaceae）、松科（Pinaceae）、柏科（Cupressaceae）

1.1.3　植物内生真菌的生物学作用

植物内生真菌的研究距今已有100多年的历史了，在众多的研究中不难发现，植物内生真菌是一类非常宝贵的微生物资源。植物内生真菌在与宿主长期协同进化过程中形成了一种互利共生的关系（Toti et al.，1992）。一方面，内生真菌可以通过宿主获得自身的营养供给，满足自身生长所需，比一些腐生菌和附生菌有更好的生存环境，如Rudrappa等（2008）研究发现，植物组织中如果能够有充足的水分和一些特定的分泌物产生，有利于内生真菌在植物体内黏附在一起形成内生真菌在寄主植物体内赖以生存的特殊结构——生物薄膜。另一方面，内生真菌的存在可以使宿主获得对外界环境更好的抗性，使得寄主植物生长迅速、抵御外界环境的侵袭，如抗旱、抗病虫害、抗病原体等（Marquez et al.，2007；Rodriguez et al.，2008）。此外，植物内生真菌对促进寄主植物生长、寄主植物活性成分的产生也有重要的影响。

1. 增加宿主的应激耐受性

宿主的应激耐受性主要有抗旱、抗病虫害、耐热及抗病原体等。有研究结果显示，不能说所有的内生真菌都有促进寄主植物产生应激耐受性的能力，但至少有一部分内生真菌是具备这种能力的。有些植物在没有内生真菌存在的条件下由于经受不住外界生物及非生物因素的侵袭而无法生存（Rodriguez et al., 2008），而大量的研究结果显示，内生真菌与寄主植物共生可以帮助寄主植物在一些极端环境中生存（Gunatilaka, 2006）。当寄主植物遭到内生真菌的侵染后，其适应外界环境的能力尤其是对某一种应激能力的耐受性明显提高，并且存活率大大增加。

Rodriguez等（2008，2009）的研究发现，一种非沿海地带生长的植物在感染一种黄色镰刀菌（*Fusarium culmorum*）的情况下，耐盐性显著增加，具备了在沿海地带生存下来的能力。而一种植物在感染了炭疽菌属内生真菌*Colletotrichum protuberata*后其耐热性明显增强。Heere等（2007）研究发现，枝菌根菌丛枝菌根真菌和叶片内生真菌都可减少棕榈疫霉（*Phytophthora palmivora*）对叶片的伤害。Hashiba和Narisawa（2005）研究发现，内生真菌*Heteroconium chaetospira*能够显著降低卷心菜苗根部的硬化情况及黄萎病黄叶的发生概率。杜永吉等（2009）研究发现，感染了内生真菌的高羊茅寄主植物的水分利用率明显高于没有感染内生真菌的寄主植物，同时感染了内生真菌的高羊茅的叶片含水量更高，保水、抗旱能力显著高于未感染的高羊茅。

2. 促进寄主植物的生长

植物内生真菌在与寄主植物长期进化过程中具备了促进寄主植物生长的能力，这也是植物内生真菌与寄主植物互利共生的一种表现。Hashiba和Narisawa（2005）及Narisawa等（2000）研究发现，感染了内生真菌的白菜苗其干重是未感染内生真菌白菜苗的4倍左右。

植物内生真菌促进寄主植物生长的方式有很多种。众所周知，固氮菌即通过固氮作用发挥其促进寄主植物生长的作用；另外一种则是通过植物生长素、赤霉素和细胞激动素来发挥促进寄主植物生长的作用。也有研究表明，内生真菌通过改变寄主植物根部的生长环境来减少寄主植物的非生物胁迫作用，以此来发挥促进寄主植物生长的作用。例如，易婷等（2008）研究发现，从向日葵的根部分离出的一株根瘤菌是通过分泌胞外多糖来改变土壤结构而增加寄主植物对根部环境的适应能力以此来发挥促进寄主植物生长的作用。

3. 产生重要药理活性物质

植物内生真菌能够刺激宿主产生某些小分子物质，或促进宿主体内某些次生代谢产物的形成和积累，也能将植物体内源和外源的化学物质转化为其他物质。例如，江东福等（1995）通过从柬埔寨龙血树（*Dracaena cambodiana*）上分离得到的33株内生真菌，进行了活体接种以检测内生真菌对血褐产量的影响。研究结果表明，以禾谷镰刀菌龙血树变种（*Fusarium graminum* var. *dracaena*）为主的4株镰刀菌能够促进血褐产量提高66%～120%（谷苏等，2001）。Mucciarelli等（2007）研究发现，感染了内生真菌的薄荷苗和未感染的薄荷苗所产生的挥发性物质，前者无论是在空气中还是在植物组织的根、茎、叶中的含量都要高于后者，而且还发现感染的薄荷苗中有新的物质产生。史应武等（2009）研究发现，从甜菜根部分离出的内生真菌可以显著提高甜菜苗的鲜重、叶绿素含量及含糖率，说明内生真菌具有显著的促生、增糖作用。许多研究也表明，植物内生真菌在寄主植物的生态和生理过程中都起着非常重要的作用（Redin，1996）。高原（2012）发现，植物内生真菌不仅可以提高寄主植物原有次生代谢产物的产量，同时还可以促进寄主植物产生一些结构新颖的化合物。杜素娟和郭晓恒（2009）研究发现，*Neotyphodium uncinatum*可以促使生长在地中海和欧洲的黑麦草合成黑麦草碱。

内生真菌特殊的生存与进化环境促使植物内生真菌可产生丰富多样的次生代谢产物，有的次生代谢产物与宿主来源的物质相同或相似，如抗菌活性物质（Strobel et al.，1999a；Guerney and Mantle，1993）、植物生长调节剂（Strobel et al.，1997b）、免疫抑制活性物质（Lee et al.，1995）、抗菌活性物质（Worapong et al.，2001）、抗肿瘤活性物质（李丽，2013）、抗氧化活性物质（Zhao et al.，2014；Gao et al.，2012）等，所以植物内生真菌蕴藏着巨大的能量和资源，为人们开辟新药提供了一条新的路径。虽然植物资源是可再生资源，但植物来源的活性物质含量一般很低，且由于植物资源日益紧缺，生长周期长，分布受到地域限制并在一定程度上受环境的影响，所以从植物中分离这些物质的成本逐年升高。因此，如果利用植物内生真菌发酵产生某种活性次生代谢产物，能够降低成本、节约资源、对保护环境也有重大贡献，所以对内生真菌活性次生代谢产物的研究已经备受瞩目。

4. 生物防治

植物内生真菌是植物微生态系统中的重要组成成分，它可以直接面对病菌的侵染，对病菌的致病因子或病菌本身发起攻击，降解其致病因子或菌丝，并且产生拮抗物质或诱导寄主植物产生系统抗性抑制病原物，而寄主植物本身的基因并未发生改变，仍然可以保持天然性状（杨玉峰和李保利，2011）。因此，部分内生真菌在一定条件下可以成为拮抗菌。有学者从冬青栎（*Quercus ilex*）的一株内生真菌发酵产物中分离得到sphaeropsidin A，其对植物病原真菌有抑制作用（Weber et al., 2007）。Clay（1989）的研究表明，麦角菌科（Clavicipitaceae）内生真菌对牧草植物非常有益，其能抑制对牧草植物有害的一些植物病原真菌。分离自葡萄内生真菌链格孢菌（*Alternaria alternata*）的三个环二肽化合物对其寄主植物的病原菌葡萄霜霉菌（*Plasmopara viticola*）有抑制作用，然而对其寄主植物却没有毒性伤害，目前正被作为潜在的生物农药进行研究开发（Musetti et al., 2007）。因此，植物内生真菌是植物病害生物防治的天然资源菌，具有重要的理论研究价值和广阔的开发应用前景。

1.2　木豆研究概况

1.2.1　木豆简介

木豆[*Cajanus cajan* (L.) Millsp.]是豆科（Leguminosae）蝶形花亚科（Papilionaceae）菜豆族（Phaseoleae）木豆亚族（Cajaninae）木豆属（*Cajanus*）中的一个栽培种，英文名Pigeon pea，又名树豆、鸽豆、蓉豆、柳豆、扭豆、三叶豆、赤小豆、千年豆等，在我国主要分布于海南、台湾、福建、广东、广西、云南、四川、江西、湖南、浙江、江苏等地。木豆是一年生或多年生木本植物（图1-3），是第六大食用豆类，同时也是世界上唯一一种可食用的木本豆类。木豆根、茎、叶、花、荚全身是宝，综合利用价值非常高，除了具有生态、经济效益外，还具有很高的药用价值（方先兰和罗圣章，2002；李正红等，2001；陈成斌等，1999）。

图1-3　木豆形态图（彩图请扫封底二维码）

木豆种子中蛋白质含量约为20%，淀粉含量约为55%，脂肪含量仅为5.5%，脂肪含量远远低于黄豆，同时含有人体所需的8种必需氨基酸，因此，它是人类理想的和谷类补充食品之一。在东非、加勒比、印度等地区，木豆是非常重要的作物之一，并且在一些热带及亚热带地区国家广泛种植。在这些地区，木豆的成熟种子主要用作粮用，而未成熟的青籽粒和嫩豆荚则作蔬菜用。木豆的叶子和根茎晒干之后也是非常好的牲畜饲料，可以代替鱼粉、麸饼和玉米，木豆叶做的饲料在所有饲料中所占比例是65%～70%，消化率高达60%～80%，无论是营养成分还是利用价值都很高。木豆在人类的长期选育过程中，还可以成为蜜源植物。培育后的木豆有早、中、迟熟三种类型，分别在不同花期开花，三期木豆花期可达到半年以上，这对蜜蜂采蜜非常有利。木豆因其属性的特殊性，它的枝条还可以编制成各种篮子和其他工艺品，供观赏用（谷勇等，2000；郑卓杰，1997；陈玉德等，1993；中国农业百科全书编辑委员会，1991；龙静宜，1989）。在中国，传统上利用种植的木豆来放养紫胶虫生产紫胶，在木豆上生产出来的紫胶胶性好、产量高，为百姓创造了可观的经济价值（李丽莎和董开贵，1985）。

木豆除了具有上述应用价值以外，还具有广泛的药用价值。从古到今，木豆在治疗多种疾病上都取得了显著的效果。在民间，木豆的不同部位包括根、茎、叶、花、荚等均可入药。木豆的嫩叶可以通过外用的方法治疗外伤，而木豆叶的粉末则可以治疗膀胱结石，木豆叶经腌制后，取其汁液可用来治疗黄疸（刘威，2010）。在阿根廷，木豆叶被用来治疗皮肤感染（Morton，1976）；在南美地区，木豆被用来作为退烧药，还可以稳定经期及治疗痢疾等疾病（Abbiw，1990）；在印度，木豆用来治疗糖尿病（Grover et al.，2002；Milliken，1997）；在非洲地区，木豆则用来治疗肾病、肝炎及麻疹等疾病（Vasquez and Steinberg，1999）。

木豆叶的药用功效也是非常显著的，并且其应用也是最广泛的。木豆叶可以治疗烧伤感染、外伤及褥疮等体表伤害，同时还具有止痛、止血和消肿的功效，与水杨酸相比，木豆叶的消炎止痛效果更好（张建云等，2001；林励等，1999；陈迪华等，1985）。木豆叶水煎剂可以治疗咳嗽和腹泻。木豆嫩叶压汁口服可以治疗黄疸，嚼烂之后口服可以治疗口疮，捣烂后可以治疗外伤和疮毒。木豆叶的提取物能够清热解毒、抗菌消炎，可以用于治疗急性放射性皮炎（颜东亮，2012）。木豆叶的醇提物能够有效保护皮质酮诱导产生的大鼠嗜铬瘤细胞（姜保平，2012）。木豆叶的醇提物还具有抗寄生虫的作用（孙绍美等，1995）。木豆叶的水提物可以有效治疗由缺血缺氧所造成的脑损伤（黄桂英等，2006）。木豆根的研究相对较少，但是也不乏对木豆根功效及作用的研究。木豆根具有清热解毒、利尿止血及止痛和杀虫的作用（向锦等，2003；唐勇等，1999；袁浩等，1984），主要用于治疗小便不利、血淋水肿、痈疽肿痛、痔疮出血、咽喉肿痛等（Quisumbing，1978）。木豆临床组方在我国用于治疗股骨头坏死及循环系统疾病（林励等，1999）。

1.2.2 木豆的主要化学成分

木豆之所以具有重要的医药价值及保健功能，与木豆中的活性成分密切相关。近年来，国内外学者对木豆的化学成分进行了一些研究。中国医学科学院药用植物研究所对木豆叶的抗炎成分进行了研究，得到11种结晶成分（陈迪华等，1985），鉴定为水杨酸（salicylic acid）、三十一烷（hentriacontane）、牡荆苷（vitexin）、2-羧基-3-羟基-4-异戊烯基-5-甲氧基芪（2-carboxyl-3-hydroxy-4-isoprenyl-5-methoxystilbene）、木豆素A（longistyline A）、木豆素C（longistyline C）、球松素（pinostrobin）、β-谷固醇（β-sitosterol）、柚皮素-4′,7-二甲醚（naringenine-4′,7-dimethyl ether）、虫漆蜡醇（lacerol）及β-香树脂醇（β-amyrin）。刘亚旻（2015）通过正相硅胶色谱、中压反相硅胶色谱、反相大孔吸附树脂及LH-20凝胶等多种分离纯化方法研究木豆叶中的化学成分，并且从木豆叶的醇提物中得到了23种化合物，分别是①木豆素、②木豆素A、③木豆素C、④木豆内酯A（cajanolactone A）、⑤球松素、⑥荭草苷（orientin）、⑦异牡荆苷（isovitexin）、⑧牡荆苷、⑨cajanol、⑩木豆异黄酮（cajanin）、⑪樱黄素（prunetin）、⑫红车轴草素（pratensein）、⑬(2R,3R)-2,3-二氢-5-羟基-7,4′-二甲氧基黄酮［(2R,3R)-2,3-dihydro-5-hydroxy-7,4′-dimethoxyflavone］、⑭10′,16′-二羟基棕榈酸乙酯（10′,16′-dihydroxyhexadecanoic acid）、⑮香草酸（vanillic acid）、⑯十七烷酸乙酯（ethyl heptadecanoate）、⑰2-O-甲基肌醇（2-O-quebrachitol）、⑱2,3,4-三羟基异戊酸（2,3,4-trihydroxy-isovaleric acid）、⑲豆固醇（stigmasterol）、⑳桦木酸（betulinic acid）、㉑十七烷酸（heptadecanoic acid）、㉒β-谷固醇和㉓β-胡萝卜苷（β-daucosterol）。这23种化合物中⑩~⑲为首次从木豆叶中分离获得。Green等（2003）研究发现，木豆豆荚皮可以分离获得4个化合物，分别为槲皮素-3-甲酯（quercetin-3-methyl ether）、异槲皮苷（isoquercitrin）、槲皮素（quercetin）和3-羟基-4-异戊烯基-5-甲氧基芪-2-羧酸（3-hydroxy-4-isoprenyl-5-methoxystilbene-2-carboxylic acid）。Duker-Eshun等（2004）从木豆的叶和根中，以抗寄生虫活性为指导，分离获得8个化合物，分别为鹰嘴豆芽素A（biochanin A）、2′-羟基染料木素（2′-hydroxygenistein）、桦木酸、cajanol、染料木素（genistein）、球松素、木豆素A和木豆素C。综上可以看出，木豆中化合物的报道主要集中在黄酮类和芪类化合物，这两类化合物被认为是木豆中最主要的活性成分（Zhao et al., 2012; Fu et al., 2008, 2007, 2006）。

1.2.3 木豆的主要药理活性

经过多年，有关木豆的化学成分及其药理活性的研究已经趋于成熟，并且从木豆中分离获得的活性成分在抗肿瘤、抗炎、抗病毒、抗氧化及抗菌等方面都具有非常重要的作用。

木豆芪酸（cajaninstilbene acid，CSA）：CSA是从木豆叶中获得的一种芪类化合物，具有和白藜芦醇相似的结构（Kong et al.，2009）。研究表明，CSA具有很好的抗氧化作用（Wu et al.，2010a）。化学结构式见图1-4。

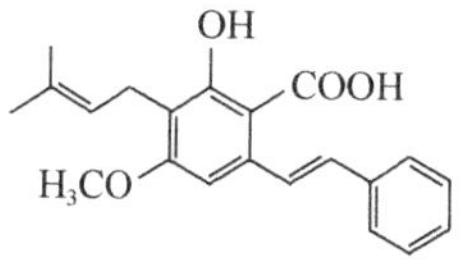

图1-4 木豆芪酸结构图

白藜芦醇（resveratrol）：众所周知，白藜芦醇是一种具有多种功能的酚类化合物，是一种很强的天然抗氧化剂及肿瘤的化学预防剂，同时也是心脑血管疾病和癌症的克星。它能够显著降低血小板凝集作用、对粥样动脉硬化具有预防和治疗作用。还可以保护心肌细胞、降血脂、平喘、镇咳、改善机体微循环及抵抗病原微生物等作用（李蓟龙，2007；程霜，2005）。化学结构式见图1-5。

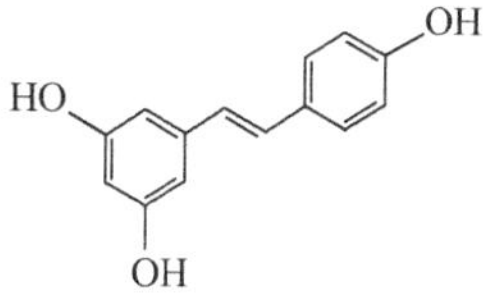

图1-5 白藜芦醇结构图

芹菜素（apigenin）：芹菜素属于黄酮类化合物，具有抑制肿瘤的活性，同时还具有抗氧化、抗动脉硬化、抗病毒、抗焦虑、抗炎及抗菌等多种活性（Gao et al.，2012；Lindenmeyer et al.，2001；Raso et al.，2001；Basile et al.，1999；张晶等，1999）。芹菜素在镇静、降压方面也具有很好的疗效。芹菜素对于结肠癌、乳腺癌、前列腺癌和黑色素瘤等癌症细胞具有显著的抑制作用（孙斌等，2004）。化学结构式见图1-6。

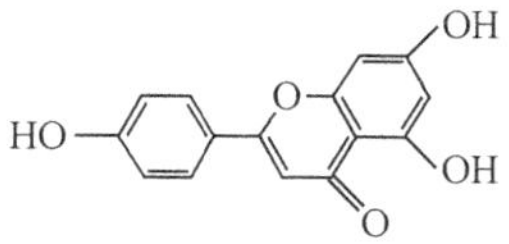

图1-6 芹菜素结构图

木犀草素（luteolin）：木犀草素在抗氧化、抗肿瘤、抗炎、抗过敏及抗增殖方面都具有非常广泛的药理作用（Zhao et al.，2014；Lee et al.，2002；Kimata et al.，2000）。木犀草素可以通过对拓扑异构酶I、II抑制作用产生对癌细胞的毒性作用

（Chowdhury et al.，2002；Mittra et al.，2000），还可以控制人体骨髓白血病细胞的增殖并诱导其凋亡（Ko et al.，2002）。化学结构式见图1-7。

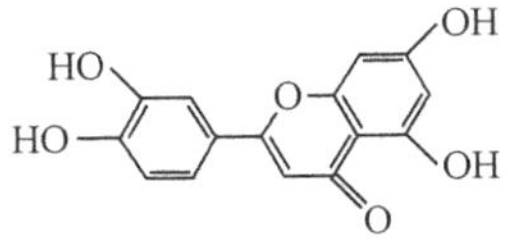

图1-7　木犀草素结构图

染料木素（genistein）：染料木素是一种异黄酮类化合物，它像雌激素一样，能够促进人体的性激素结合球蛋白（sex hormone binding globulin，SHBG）合成从而使其发挥在固醇类性激素中的生物作用（Adlercreutz et al.，1987）。染料木素具有很好的抗氧化活性（Foti et al.，2005）。染料木素能够预防骨质疏松（Lamartiniere et al.，1995），还对乳腺癌细胞具有抑制作用（Hertrampf et al.，2007）。染料木素可以有效抑制金黄色葡萄球菌的生长（王海涛等，2008）。化学结构式见图1-8。

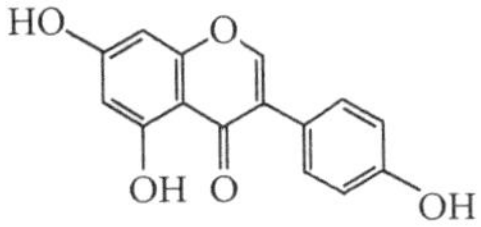

图1-8　染料木素结构图

荭草苷（orientin）：荭草苷具有抗氧化、抗血栓、抗病毒、保护因缺氧-复养损伤的心肌细胞及改善心肌缺血缺氧等作用（Li D et al.，2008；Fu et al.，2005；Li et al.，2002；邹丽琰和傅延，1997）。化学结构式见图1-9。

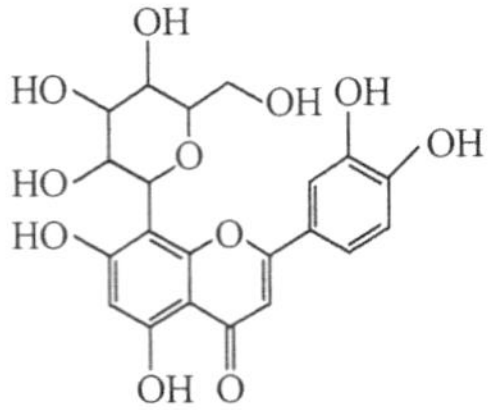

图1-9　荭草苷结构图

牡荆苷（vitexin）：牡荆苷具有抗氧化、抗病毒及抗菌等药理活性（Kang et al.，2010；林秋凤等，2004；王凌云等，2003）。化学结构式见图1-10。

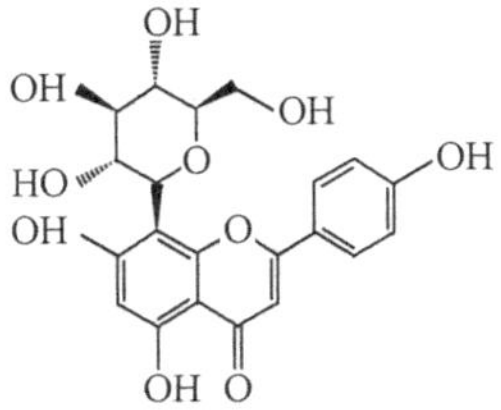

图1-10　牡荆苷结构图

异牡荆苷（isovitexin）：异牡荆苷具有抗辐射、抗感染、清除自由基、降血压、保护DNA损伤、抑制黄嘌呤氧化酶的活性等作用（Picerno et al.，2003；Bramati et al.，2003；Hien et al.，2002；Lin et al.，2002；Agnese et al.，2001）。化学结构式见图1-11。

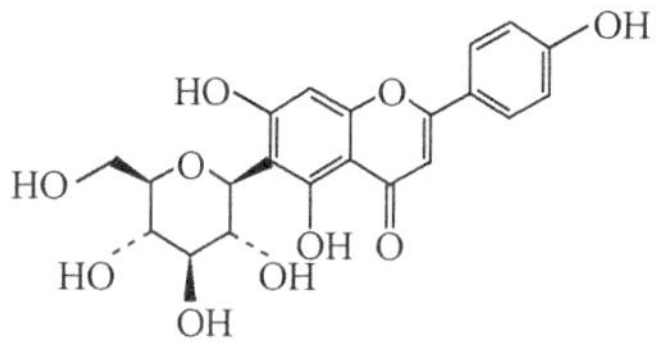

图1-11　异牡荆苷结构图

球松素（pinostrobin）：球松素是一种黄酮类化合物，具有显著的抗氧化、抗病毒及抑制肿瘤生长的作用（Wu et al.，2011；Kong et al.，2009；王菲等，2007）。化学结构式见图1-12。

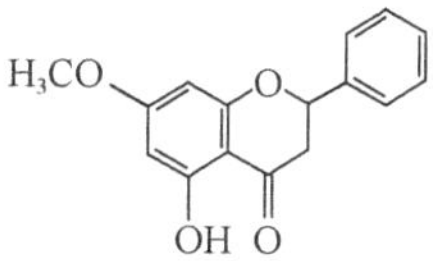

图1-12　球松素结构图

cajanol：化学名是5-hydroxy-3-(4-hydroxy-2-methoxyphenyl)-7-methoxychroman-4-one，分子式是$C_{17}H_{16}O_6$，化学结构式见图1-13，它是从木豆根中分离出来的一种异黄酮类化合物。研究表明，cajanol具有抗肿瘤、抗菌、抗疟原虫及抗真菌的活性（Liu et al.，2011；Luo et al.，2010；Duker-Eshun et al.，2004；Ingham，1976）。不仅如此，cajanol也是一种植物抗毒素，被美国学者Dahiya等（1984）从木豆种子中分离出，可以用来帮助木豆植物抵抗葡萄孢菌的侵染和攻击。

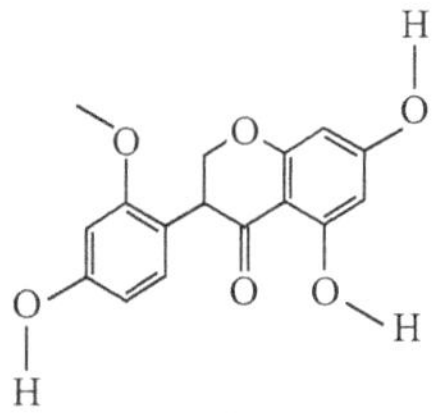

图1-13　cajanol结构图

1.3　植物内生真菌产物的生物活性研究

Stierle等（1993）从短叶红豆杉中首次分离得到一株能合成抗癌药物紫杉醇的内生真菌，揭示了内生真菌具有合成与寄主植物相同或相似活性成分的功能。这一发现引起了从药用植物中分离内生真菌的热潮。内生真菌多样性、复杂性和特殊性的特点，使其产生的活性产物的结构类型已远超出它们的寄主植物。而且，内生真菌产生新颖化学结构的代谢产物的比例为51%，相比之下，土壤微生物仅有38%，因此，内生真菌已成为获得具有生物活性的次级代谢产物的一个重要来源。从药用植物中分离获得内生真菌并利用内生真菌进行发酵生产获取某种重要的天然药物，这为解决某些药用植物生长缓慢、资源紧缺及生态破坏等问题提供了新思路和新方法。同时，内生真菌及宿主的多样性决定了内生真菌次生代谢产物的多样性。

1.3.1 植物内生真菌的抗氧化活性研究

内生真菌及其次生代谢产物的研究已受到了人们的广泛关注，但是关于内生菌的抗氧化活性研究报道较少。自由基是生物体内组织生命活动的一种正常代谢产物，当机体处于正常情况下，体内自由基的产生和消除处于一种动态平衡状态，这些自由基包括活性氧自由基、脂质自由基、烷氧自由基等。然而，当由于某种原因打破这种动态平衡后，自由基就会攻击有机体组织中的不饱和脂肪酸，进而引发一系列自由基反应。如果这些自由基不能及时清除，就会引起氧化应答系统的失衡，进而引起许多疾病，如癌症、炎症、心脑血管疾病、神经性疾病等（郭金英，2006；Turrens，2003；陈曾三，2001；刘学铭等，1999）。这种过氧化反应在某些化合物的作用下，是可以逆转的，抗氧化剂即能防止这一现象的产生。然而人工合成的抗氧化剂如二丁基羟基甲苯（BHT）、丁基羟基茴香醚（BHA），在生物体内的沉降积累不易分解，容易对机体造成损伤，所以天然抗氧化剂的开发和应用越来越受到人们的关注。

从植物中和微生物中寻求新的天然抗氧化剂，如黄酮类和苷类化合物，能够清除氧化应激产生的活性氧等自由基，从而减少各种由过氧化损伤引起的疾病，对医药、营养、健康等领域有着重要的意义。内生真菌作为丰富的次生代谢产物的天然药库，有着巨大的开发潜能。从内生真菌中寻找天然抗氧化剂，能够解决目前人工抗氧化剂存在的问题，也成为人们新的研究热点。虽然关于内生真菌及其次生代谢产物的活性已受到了人们广泛的关注，但是关于内生真菌次生代谢产物的抗氧化活性研究也只是刚刚起步。葛飞等（2015）从银杏中分离得到一株内生真菌——球毛壳菌（*Chaetomium globosum*），发现其乙醇提取物具有较好的抗氧化活性。

关于内生真菌抗氧化活性成分的研究也日益受到人们的关注。霍娟和陈双林（2004）对杜仲内生真菌刺孢壳（*Chaetomella* sp.）的初步研究表明，该菌株能够产生具有抗氧化活性的次生代谢产物，通过薄层层析和高效液相色谱等方法对抗氧化活性成分的检测分析表明其活性成分为黄酮类化合物。Liu等（2007）也从银杏的内生真菌炭角菌（*Xylaria* sp.）中分离得到具有抗氧化作用的黄酮类化合物。Chen等（2011）对红树林内生真菌曲霉菌（*Aspergillus* sp. Y16）的初步研究表明，该菌株能够产生具有抗氧化活性的次生代谢产物,通过阴离子交换和凝胶色谱法对抗氧化活性成分进行纯化,化学和光谱分析结果表明其活性成分为胞外多糖。Khiralla等(2015)通过对5种苏丹药用植物中的内生真菌进行分离,获得一株产抗氧化活性的最强的菌株,经鉴定为*Aspergillus* sp.,并且通过福林酚法测定了其总酚含量。

1.3.2 植物内生真菌的抗菌活性研究

当前,在对抗病原微生物时,抗生素被广泛使用,导致在疾病治愈的同时,越来越多的人类病原菌产生了抗药性,传统抗生素药物的使用效果越来越差,这就迫切需要寻求更多更好的抗生素。从植物内生真菌中分离抗菌活性物质是获取抗菌药物的新途径。植物内生真菌能够在其代谢过程中产生各种抗菌活性物质,并且这些天然产物已被证明能杀死或抑制多种有害病原微生物,包括植物病原菌、细菌、真菌、病毒及原生动物等(Strobel et al.,2004)。Kharwar等(2009)从印楝的根部内生真菌暗梗单孢霉属(*Chloridium* sp.)的发酵产物中分离得到一个萘醌类化合物javanicin,其对绿脓杆菌(*Pseudomonas aeruginosa*)和荧光假单胞菌(*Pseudomonas fluorescens*)具有很好的抗菌活性,最低抑菌浓度(minimum inhibitory concentration,MIC)均为2μg/mL。Brady和Clardy(2000)从植物卷柏(*Selaginella pallescens*)茎部的内生真菌镰刀菌(*Fusarium* sp. CR377)的培养物中分离到一种新型的酮内酯化合物,具有抗真菌的作用,尤其是对白色念珠菌(*Candida albicans*)有较强活性。Strobel等(1999b)从药用植物雷公藤的内生真菌栎树拟隐孢壳(*Cryptosporiopsis quercina*)中分离到一种环肽类化合物cryptocandin,其不仅对许多植物病原菌如核盘菌(*Sclerotinia sclerotiorum*)和灰葡萄孢(*Botrydtis cinerea*)等具有抗菌活性,还对一些人类病原真菌如毛癣菌(*Trichophyton* sp.)、白色念珠菌等具有很好的抗菌活性,MIC与两性霉素B(临床应用的抗真菌药)相当,有望开发成治疗指甲和皮肤真菌感染的潜在药物。Macías-Rubalcava等(2008)从马鞭草科植物紫珠(*Callicarpa acuminata*)的叶片中分离到植物内生真菌戈麦氏伊登病菌(*Edenia gomezpompae*),它的次级代谢产物含有4个萘醌类化合物,其中spiroketal 1~3对植物病原真菌(链格孢菌*Alternaria solani*、尖孢镰刀菌*Fusarium oxysporum*、辣椒疫霉菌*Phythophtora capsici*、烟草疫霉菌*Phythophtora parasitica*)表现出强抗菌活性,半抑制浓度(IC_{50})为20~170μg/mL。Castillo等(2002)从一株分离自药用植物*Kennedia nigriscans*的内生真菌的发酵液中分离到独特的肽类抗生素分别是munumbicin A、munumbicin B、munumbicin C和munumbicin D。它们对不同的病原菌表现出不同的活性,munumbicin B对一株耐青霉素的金黄色葡萄球菌(*Staphylococcus aureus*)具有很好的抗性(MIC为2.5μg/mL),然而munumbicin A却对该菌没有抗性。munumbicin D对疟原虫具有很强的抑制作用(IC_{50}为4.5ng/mL),其活性优于氯喹(经典抗疟疾药)。

1.3.3 植物内生真菌的抗肿瘤活性研究

癌症是人类目前比较难攻克的顽症之一,亦是世界医学的一个大难题。用于治疗恶性肿瘤的药物开发是国内外医药界的热点。目前主要通过从植物中提取、组织或细胞培养及化学合成(半合成)等途径来获取抗癌药物(周东坡等,2001)。近年来,通过对植物内生真菌次生代谢产物的研究发现,某些植物的内生真菌也能产生抗癌活性成分,这一重大发现为抗癌药物的生产开辟了一条新途径。

紫杉醇及其类似物:紫杉醇是四环二萜酰胺类化合物,能有效治疗晚期乳腺癌、卵巢癌及其他癌症,被当今世界认为是广谱、活性最强的抗癌药物。紫杉醇广泛存在于各种紫杉属植物树皮和树叶中,但其在植物中的含量微乎其微,并且紫杉属植物生长缓慢,因此,仅从植物中提取已不能满足日益增大的需求量,寻找该药的新来源是当务之急。1993年,Strobel等(1996a,1996b)首次从短叶红豆杉中分离出一株产紫杉醇和其他紫杉烷类化合物的内生真菌,这一发现为紫杉醇的来源提供了新思路,掀起了国内外研究者从药用植物内生真菌中寻找抗癌活性成分的浪潮,已成功从短叶红豆杉、西藏红豆杉(*Taxus wallichiana*)、东北红豆杉(*Taxus cuspidata*)、云南红豆杉(*Taxus yunnanensis*)和南方红豆杉(*Taxus mairei*)等红豆杉属植物中分离出能够产紫杉醇的内生真菌。进一步研究发现,能够产生紫杉醇的内生真菌不仅局限于红豆杉属植物,从其他许多种属植物分离的内生真菌也具有产生紫杉醇的能力。Strobel等(1997b)从生长于澳大利亚的植物瓦勒迈杉(*Wollemia nobilis*)中分离得到的内生真菌茶褐斑拟盘多毛孢菌(*Pestalotiopsis guepinii*)能产生紫杉醇;Li等(1996)从生长于南加州的落叶杉属植物落叶杉(*Taxodium distichum*)中分离出的内生真菌小孢拟盘多毛孢菌(*Pestalotiopsis microspora*)能够产生紫杉醇;Gangadevi和Muthumary(2008)从木橘(*Aegle marmelos*)中分离筛选到内生真菌数丝顶多毛孢菌(*Bartalinia robillardoides*)也能够产紫杉醇。

长春碱和长春新碱:20世纪50年代末,长春碱(vinblastine)和长春新碱(vincristine)因其抗癌活性受到人们的关注,它们是从药用植物长春花中分离得到的生物碱,它们是有效的抗肿瘤药物,特别是对白血病具有显著的疗效(丁亚芳等,2005)。但是,这些生物碱在植物体内的含量极低及植物生长缓慢限制了其作为抗癌药物的开发。目前,已从长春花内生真菌的发酵产物中得到了与长春新碱相似的活性成分,张玲琪等(2000)通过研究发现4株长春花内生真菌能够产生长春新碱类似物,它们分别属于镰刀菌属(*Fusarium* sp.)、链格孢属(*Alternaria* sp.)和无孢菌群等,为长春新碱的药源开辟了一条新途径(杨显志等,2004;郭波等,1998)。

鬼臼毒素类:鬼臼毒素(podophyllotoxin)是存在于桃儿七(*Sinopodophyllum hexandrum*)等鬼臼类植物中的木脂素,是多种抗癌药物的合成前体。其糖苷衍生物(依托泊苷及替尼泊苷)具有显著的抗肿瘤活性并且其毒性较低,目前在临床上已应用于淋巴癌和肺癌等多种肿瘤疾病的治疗。李海燕等（1999）从桃儿七地下茎的韧皮部中分离到一株内生真菌，该内生真菌的培养物中含有鬼臼毒素；Kour等（2008）从垂枝柏（*Juniperus recurva*）内生真菌尖孢镰刀菌（*Fusarium oxysporum*）的发酵物中发现存在鬼臼毒素。

1.3.4 植物内生真菌的生物防治病虫害研究

植物病害是一种可对农业生产造成很大影响的自然灾害。目前防治植物病害的有效方法是化学防治，化学防治具有见效快、杀菌普广、使用方便、用量低、成本低等优势（吴金平等，2009），但同时化学防治不可忽视的一个问题就是一些化学杀菌剂在使用后会在农副产品中残留，严重影响农副产品的质量。此外，化学杀菌剂的使用还会造成土壤污染、生态平衡破坏。随着人们安全意识及生活水平的提高，对食品安全和环境污染问题更加关注，一些发达国家已经开始明令禁止使用化学杀菌剂（Femando et al.，2007）。基于这样的诉求，人们开始寻找一种安全有效的、对食品及环境友好的新型防治策略。生物防治具有安全、无毒、无污染、无残留等优势，符合可持续发展的要求，同时也符合人们对绿色食品的要求，这一防治措施正在受到越来越多的重视和发展。

植物病害的生物防治是利用有益微生物或微生物的代谢产物对农作物病害进行有效防治的技术与方法（邱德文，2007）。实质就是利用微生物之间的竞争、抗生、重寄生、溶菌作用或利用微生物的代谢产物刺激植物产生抗性来抑制某些植物病原菌的存在和活动（李凯和袁鹤，2012）。微生物有多种类型，这些微生物都有可能成为生防菌。它们抑菌的机制主要有以下几种：①分泌抑菌物质；②通过与致病菌竞争水分、营养等物质而使致病菌不能生存；③多重防菌的拮抗作用；④诱导寄主植物产生某种抗性；⑤促进植物生长，提高植物抵抗病原菌的能力；⑥寄生于病原菌使其不能生存；⑦对植物的生长环境进行微生态调控，以此来达到防治植物病害的目的（邱德文，2010）。

植物内生真菌作为植物体内互利共生的微生物，能够有效提高寄主植物抵御外界生物或非生物因素的侵袭。因此，植物内生真菌作为植物病害生防菌对于人类和环境都具有非常重要的意义。

李雅等（2007）通过研究杜仲内生真菌对番茄灰霉病菌（*Botrytis cintrea*）、西瓜枯萎病菌（*Fusrarium oxysporum* f. sp. *niveum*）、苹果腐烂病菌（*Cytospora* sp.）、玉米大斑病菌（*Helminthos porium turcicum*）、黄瓜枯萎病菌（*Fusarium oxysporum* f. sp. *cucumerinum*）及白菜黑斑病菌（*Alternaria brassicae*）的抑制作用发现，49株供试内生真菌菌株中有9株对上述6种致病菌都有抑制作用，其中的4株菌的代谢产物对致病菌具有很好的抑制作用。江曙等（2008）研究发现，分离自药用植物海金沙的内生真菌大约80%对番茄早病菌（*Alternaria solani*）、小麦赤霉病菌（*Fusarium* graminearum）和番茄灰霉病菌均有不同程度的抑制作用，并且其中327号内生真菌对番茄早疫病菌孢子萌发和菌丝生长的抑制率分别为55.9%、90.3%；115①号内生真菌对番茄灰霉病菌孢子萌发和菌丝生长的抑制率分别为63.1%、99.1%；116①号内生真菌对番茄灰霉病菌孢子萌发和菌丝生长抑制率达到了65.8%、99.7%。杨润亚等（2007）研究连翘内生真菌发现，共分离获得19株内生真菌，其中有13株内生真菌的粗提物对苹果轮纹病菌（*Physalospora piricola*）、苹果褐腐病菌（*Sclerotinia fructigena*）、棉花立枯病菌（*Rhizoctonia solani*）及小麦赤霉病菌等供试植物病原菌均有不同程度的抑菌活性，并且抑菌活性高于50%。这说明连翘内生真菌可以作为植物病害的生防菌继续研究并为人们所用。李会玲等（2007）从冬青卫矛的根皮中分离到一株曲霉属（*Aspergillus* sp.）内生真菌，其发酵产物的杀菌活力远远高于菌丝体的杀菌活力，并且其发酵液乙酸乙酯层萃取物对番茄叶霉病菌（*Fulvia fulva*）、小麦赤霉病菌、马铃薯干腐病菌（*Fusarium solani*）、烟草赤星病菌（*Alteinaria longipes*）、小麦根腐病菌（*Bipolaris sorokniana*）、苹果炭疽病菌（*Glomerella cingulate*）和玉米大斑病菌菌丝生长有不同程度的抑制作用；对烟草赤星病菌、马铃薯干腐病菌、玉米大斑病菌和小麦根腐病菌的孢子萌发也有不同程度的抑制作用。

1.3.5 植物内生真菌的漆酶染料脱色研究

1. 漆酶的定义

漆酶（laccase，EC 1.10.3.2）也称对苯二酚氧化酶，最早由日本人在漆树（*Rhus verniciflua*）中发现（Rivera-Hoyos et al.，2013），是一种多酮氧化酶（multicopper oxidase，MCO），其活性中心存在铜离子，属于铜蓝蛋白氧化酶家族（Wang et al.，2017）。它为含铜的糖蛋白，以单一多肽居多，肽链由500多个氨基酸组成。漆酶的底物范围广泛，并具有特殊的催化能力，可氧化芳胺、芳香羧酸和酚类及其衍生物等，且催化之后能将氧分子转化为水（Jiang et al.，2017；Heidary et al.，2014）。由于漆酶具有多种生理和生态学功能，目前已被广泛应用于染料降解及脱色（Nguyen et al.，2017，2016）、工业生产废液的降解（Koschorreck et al.，2017）、食品工业（Siroosi et al.，2016）、造纸纺织业（Bai et al.，2016）等领域。

2. 漆酶的来源

漆酶来源广，主要分布于植物和微生物中，少数分布于动物中（Koschorreck et al.，2017）。来源不同的漆酶，结构和催化能力均不同，来源相同的菌种在不同的条件下，也会产生不同性质的漆酶（巫婷玉，2015；Si et al.，2013）。

3. 漆酶的结构

漆酶的结构较简单，肽链上存在着糖基，含量占10%~45%，大多数由岩藻糖、葡萄糖、半乳糖和阿拉伯糖组成，漆酶来源不同，糖基化程度不同，分子量也差异较大（Yaropolov et al., 1994; Coll et al., 1993）。对真菌漆酶来说，分子量一般在60~100kDa（Bagewadi et al., 2017）。细菌漆酶由于没有糖基化的修饰分子量偏小，在60kDa左右（由庆，2016）。但两者结构相似（图1-14）（Alexandre and Zhulin, 2000）。

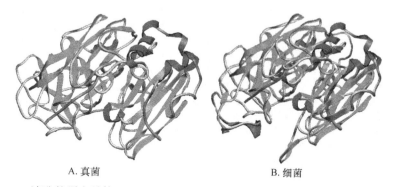

A. 真菌　　　　　　　　　B. 细菌

图1-14　漆酶的蛋白结构（Alexandre and Zhulin, 2000）（彩图请扫封底二维码）

漆酶蛋白分子结构中的4个铜离子在漆酶催化氧化底物中具有重要作用（Basheer et al., 2017）。可分为I型（Type1 Cu^{2+}，即T_1Cu^{2+}）、II型（Type2 Cu^{2+}，即T_2Cu^{2+}）和III型（Type3 Cu^{2+}，即T_3Cu^{2+}）3类，其中，T_1Cu^{2+}和T_2Cu^{2+}均一个，呈顺磁式，有电子顺磁共振（electron paramagnetic resonance, EPR）效应；T_3Cu^{2+}两个，为双电子受体，对磁性的耦合离子对不呈现EPR性质。蛋白分子的蓝色由T_1Cu^{2+}形成，且在光谱600nm左右可形成强烈的吸收峰，T_3Cu^{2+}在光谱330nm左右有较宽的吸收峰，T_2Cu^{2+}没有吸收光谱（由庆，2016；宋思梦，2015；Hakulinen and Rouvinen, 2015; Litvintseva and Henson, 2002）。T_2Cu^{2+}和T_3Cu^{2+}能形成三核铜簇，电子的最终受体在其中心，这种结构能够将氧还原为水（Wang et al., 2017; Min et al., 2001; Solomon et al., 1996）。3种铜离子分别与10个组氨酸配位，形成了漆酶的催化活性中心，也是其保守性的体现。与T_1Cu^{2+}配位的为1个半胱氨酸和2个组氨酸，与T_2Cu^{2+}配位的为1个水分子和2个组氨酸，与T_3Cu^{2+}配位的为1个氢氧桥和3个组氨酸（由庆，2016; Messerschmidt et al., 1992）。除了常见的含有4个Cu^{2+}的酶分子外，部分酶蛋白只含有1个或2个Cu^{2+}，另外2个或1个Cu^{2+}被其他离子所取代（Palmieri et al., 1997; Karhunen et al., 1990）。其分子结构如图1-15所示（罗力，2015）。

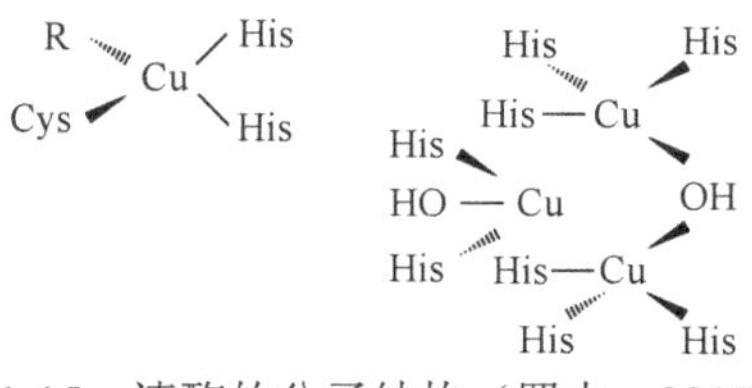

图1-15　漆酶的分子结构（罗力，2015）

4. 漆酶的催化机理

漆酶是由糖配基、铜离子和肽链组成的单电子氧化还原酶，可以将不同的底物催化氧化后生成醌类和水。从化学结构方面，可分为以下几类（宋思梦，2015；Baldrian，2006；Claus，2004）：①芳胺及其衍生物：与酚类底物的结构相似，如对苯二胺和邻苯二胺等；②酚及其衍生物：该类在底物中占1/2以上，如常用于漆酶活性鉴定的底物丁香醛连氮和愈创木酚等；③其他非酚底物；④甾体激素及生物色素；⑤羧酸及其衍生物；⑥金属有机化合物。

漆酶对不同底物的催化过程可概括为两个方面：一是漆酶直接氧化底物分子，生产具有自由基的中间体；二是利用小分子介质，在4个铜离子协同作用下，先与介质反应，然后再将底物分子氧化（Adekunle et al.，2017；Solís-Oba et al.，2005）。整个过程包含底物的氧化、电子的传递和分子氧的还原。在催化氧化过程中，4个铜离子起着至关重要的作用，催化底物时，处于氧化态的T_1Cu^{2+}会从底物中获得电子而被还原，当底物氧化成不稳定的自由基后，会发生聚合和羟基化等非酶催化反应（宋思梦，2015；Uchida et al.，2001）。T_1Cu^{2+}获得的底物中的电子会通过Cys-His途径传递给T_2Cu^{2+}和T_3Cu^{2+}，最后传递给氧，生成水（图1-16）（Rivera-Hoyos et al.，2013）。该反应结束后，铜再被氧化成铜离子。

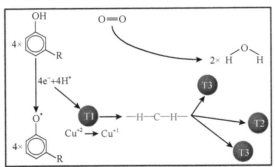

图1-16　漆酶的催化机理（Rivera-Hoyos et al.，2013）（彩图请扫封底二维码）

5. 漆酶对染料脱色的研究

合成染料已在印刷、造纸、医药、食品和纺织等行业广泛应用。染料合成过程中，不可避免地会产生工业废水，且大多具有毒性甚至致癌性，给自然环境和人体健康带来严重危害（Shanmugam et al.，2017；Zeng et al.，2011；Roriz et al.，2009）。工业废水中的染料因其结构稳定，很难分解，目前主要采用的是物理化学法，如絮凝沉淀、离子交换、光催化和化学氧化法等（Rezaei et al.，2015）。这些方法一方面费用较高，处理的范围较窄，部分处理效果较差；另一方面可能造成二次污染（Govindwar et al.，2014），给环境保护带来压力。因此，急需寻求一种新的处理技术，使其既有良好的降解效果，又具有环保效果且成本较低。生物技术应运而生，该技术因其具有费用低、作用范围广、高效且不产生污染等众多优点，越来越受到专家学者的重视。漆酶能够经济有效地处理染料的降解问题（马承富，2016）。研究表明，染料的脱色效果和漆酶的活力相关，漆酶能将有毒的物质降解为无毒物质，部分染料还能促进漆酶的产量提高。漆酶在染料的降解中具有特殊的作用，体系中是否加入介质也影响着染料的降解效果。漆酶的种类不同，它们的活性也存在差异，对染料的降解效果也不同。刘宇等（2017）初步研究了栓菌（*Trametes* sp. LS-10C）漆酶在偶氮染料脱色中的效果。Ramírez-Montoya等（2015）研究了彩绒革盖菌（*Trametes versicolor*）漆酶对酸性和活性染料的脱色效果。Vats和Mishra（2017）研究白腐真菌（*Cyathus bulleri*）漆酶对两种活性染料的脱色效果。以上研究均取得了良好效果。同时研究表明，漆酶的作用底物范围广泛，对复杂的木质素聚合物和异生芳香化合物降解效果良好（张跻，2007）。漆酶还能降解邻苯二酚和单酚等多酚化合物及其衍生物，最终的产物为水，不会造成环境污染。此外，添加漆酶介质可以克服漆酶在应用过程中所具有的低氧化还原电势和较大空间位阻的障碍，从而拓宽漆酶作用底物范围和提高催化效率。Pan等（2014）研究发现灰盖鬼伞（*Coprinopsis cinerea*）产的漆酶在靛蓝染料脱色过程中添加介质2,2′-联氮-二(3-乙基-苯并噻唑-6-磺酸)二铵盐（2,2′-azino-bis-(3-ethylbenzthiazoline-6-sulphonate)，ABTS）能够显著提高脱色率。

漆酶在环境保护中应用广泛，在其他工业中的应用同时伴随着环境的保护。漆酶应用于染料厂，能够降解染料废水中有毒有害化合物，加入介质后能够提高其降解效率。在造纸工业中，利用漆酶能够除去废水中的酚类化合物及其衍生物等有毒有害物质，从而减少对环境的污染。慎镛健等（2015）从造纸废水中提取了一个菌株WG35，鉴定后属于枯草芽孢杆菌，并研究了其在造纸废液中的应用，结果表现良好。在环境监测方面，可以将漆酶应用到固定化酶电极中，通过催化负极氧化还原间接监测环境。这种方法具有速度快、方法简单、可连续操作和专一性强等优点，主要应用于具特殊要求区域的环境监测（刘家扬，2009）。Luo等（2017）利用漆酶介质系统降解化学污染物全氟辛酸，同时漆酶还可应用于化学农药、药物和酚类物质的降解等（Sun et al.，2017；Zeng et al.，2017；Catherine et al.，2016）。

1.3.6 植物内生真菌的其他生物活性研究

植物内生真菌还能产生如免疫抑制剂、抗炎、抗病毒及降血糖等其他活性化合物。雷公藤（*Tripterygium wilfordii*）的内生真菌亚黏团镰刀菌（*Fusarium subglutinans*）产生的二萜类化合物subglutinol A和subglutinol B具有免疫抑制作用（Lee et al.，1995）。在混合淋巴细胞反应实验中，这两种化合物的IC_{50}为0.1μmol/L，与环孢霉素效用相当。短叶红豆杉（*Taxus brevifolia*）树皮和叶中的内生真菌拟盘多毛孢（*Pestalotiopsis* sp.）产生的化合物pestalotiopsin A和pestalotiopsin B，在混合淋巴细胞反应中同样表现出免疫抑制活性，IC_{50}为3～4μg/mL（Pulici et al.，1996）。从仪花（*Lysidice rhodostegia*）叶部的内生真菌黑附球菌（*Epicoccum nigrum*）的代谢产物中分离到3种具有抗炎活性的化合物，它们是ent-epicoccin G、epicoccin M和epicoccin S，其IC_{50}分别是3.07μmol/L、4.16μmol/L和4.95μmol/L，与银杏内酯B的抗炎活性相当（Wang et al.，2010）。Harper等（2003）从榄仁树（*Terminalia morobensis*）的内生真菌小孢拟盘多毛孢（*Pestalotiopsis microspora*）中分离得到两个苯并呋喃类化合物pestacin和isopestacin，两者既有抑菌活性，又有抗氧化活性。栎树内生真菌*Cytonaema* sp. F32027产生的三缩酚酸异构体A和B具有抗病毒活性（Guo et al.，2000）。从茶树内生真菌茶拟盘多毛孢（*Pestalotiopsis theae* LN560）发酵物中分离到得4个次生代谢产物pestalotheol A～D，其中pestalotheol C对人类免疫缺陷病毒1型（HIV-1）的复制有抑制活性，半最大效应浓度（EC_{50}）为16.1μmol/L（Li E et al.，2008）。Zhang等（1999）从热带雨林树木分离得到的一株内生真菌*Pseudomaassaria* sp.，从其次生代谢产物中分离出一种类似胰岛素的小分子化合物（L-783,281），能使人的胰岛素受体酪氨酸β-亚基磷酸化，并且使胰岛素受体的作用底物磷酸化，激活蛋白激酶Akt，起到类似胰岛素中介作用的效果，可进一步研究并开发成为降血糖的天然药物。

参考文献

曹可可, 刘宁, 马双新, 等. 2015. 大斑刚毛座腔菌高产漆酶条件的响应面优化及酶学特性. 中国农业科学, 48(11): 2165-2175.

陈曾三. 2001. 红葡萄酒多酚的保健功效. 酿酒科技, 77-79.

陈成斌, 杨示英, 梁世春. 1999. 木豆的经济价值与广西开发利用前景. 广西农业科学, 3: 159-161.

陈迪华, 李慧颖, 林慧. 1985. 木豆叶化学成分研究. 中草药, 16(10): 134-136.

陈玉德, 侯开卫, 吕福基, 等. 1993. 云南三种木本豆类蛋白饲料资源的潜力及开发利用前景. 林业科学研究, 6(3): 346-350.

程霜. 2005. 白藜芦醇抗肿瘤机制研究进展. 疾病控制杂志, 9: 257-260.

丁亚芳, 包永明, 安利佳. 2005. 长春碱类抗肿瘤药物的研究进展. 中国医药工业杂志, 36(7): 424-427.

杜素娟, 郭晓恒. 2009. 植物内生真菌对植物次生代谢产物的影响. 现代农业科学, 16(5): 17-18.

杜永吉, 王祺, 韩烈保. 2009. 内生真菌*Neotyphodium typhinum*感染对高羊茅光合特性的影响. 生态环境学报, 18(2): 590-594.

方先兰, 罗圣章. 2002. 木豆的用途及栽培技术. 江西农业科技, 1: 30.

付晓春, 李少鹏, 汪小根, 等. 2006. 茋草苷的抗血栓作用研究. 中国药房, 17: 1292-1294.

高原. 2012. 特异性木豆内生真菌发酵生产木豆芪酸工艺及其抗氧化机制研究. 东北林业大学硕士学位论文.

葛飞, 石贝杰, 高樱萍, 等. 2015. 一株高抗氧化活性银杏内生真菌SG0016的鉴定及其培养条件优化. 西北植物学报, 35(2): 403-409.

谷苏, 邵华, 蒋晓华, 等. 2001. 药用植物内生真菌多样性及其活性成分的潜在应用价值. 中国药学杂志, 36(1): 14-15.

谷勇, 周勇, 邹恒芳, 等. 2000. 木豆栽培技术与综合利用. 西南林学院学报, 12(4): 213-217.

官珊, 钟国华, 孙之潭. 2005. 植物内生真菌的研究进展. 仲恺农业技术学院学报, 18(1): 61-66.

郭波, 李海燕, 张玲琪. 1998. 一种产长春碱真菌的分离. 云南大学学报(自然科学版), 20(3): 214-215.

郭金英. 2006. 红葡萄酒对心血管系统的保护作用研究. 西北农林科技大学博士学位论文.
黄桂英, 廖雪珍, 廖惠芳, 等. 2006. 木豆叶水提物抗脑缺血缺氧损伤的作用研究. 中药新药与临床药理, 17(3): 172-174.
霍娟, 陈双林. 2004. 杜仲内生真菌抗氧化活性. 南昌大学学报(理科版), 28(3): 270-272.
江曙, 陈代杰, 戈梅, 等. 2008. 药用植物内生真菌对3种农作物病原真菌的拮抗作用. 江苏农业科学, (1): 82-84.
姜保平. 2012. 木豆叶对皮质酮诱导的大鼠嗜铬瘤细胞损伤的保护作用及活性成分研究. 四川农业大学硕士学位论文.
李海燕, 王志军, 张玲琪, 等. 1999. 一种桃儿七内生真菌的分离初报. 云南大学学报(自然科学版), 21(3): 2-3.
李会玲, 杨春平, 武金占, 等. 2007. 冬青卫矛内生真菌2QR1菌株代谢产物的杀菌活性. 西北农林科技大学学报(自然科学版), 35(6): 135-140.
李蓟龙. 2007. 虎杖中白藜芦醇的药理学活性. 河北北方学院学报(医学版), 4: 80-82.
李凯, 袁鹤. 2012. 植物病害生物防治概述. 山西农业科学, 40(7): 807-810.
李丽. 2013. 核桃内生真菌的分离、鉴定及其代谢产物抑菌活性研究. 西北农林科技大学硕士学位论文.
李丽莎, 董开贵. 1985. 紫胶虫优良寄主——木豆单株放种量研究初报. 中国林业科学研究院资源昆虫所建所三十周年研究报告选编: 77-79.
李雅, 宋晓斌, 马养民, 等. 2007. 杜仲内生真菌对植物病原真菌的抑菌活性研究. 西北农林科技大学学报(自然科学版), 35(2): 69-73.
李正红, 周朝鸿, 谷勇, 等. 2001. 中国木豆研究利用现状及开发前景. 林业科学研究, 14(6): 674-681.
林励, 谢宁, 程紫骅. 1999. 木豆黄酮类成分的研究. 中国药科大学学报, 30(1): 21-23.
林秋凤, 冯顺卿, 李药兰, 等. 2004. 金莲花抑菌抗病毒活性成分的初步研究. 浙江大学学报(理学版), 31: 412-415.
刘家扬. 2009. Trametes sp. SYBC-L3发酵产漆酶条件的优化、分离纯化、酶学性质及其应用初步研究. 江南大学硕士学位论文.
刘威. 2010. 木豆叶中具有雌激素样活性的黄酮类成分提取分离及其抗肿瘤活性的研究. 东北林业大学博士学位论文.
刘学铭, 丁克祥, 梁世中. 1999. 葡萄酒防治心血管病研究进展. 卫生研究, 119-121.
刘亚旻. 2015. 木豆叶神经细胞保护物质基础和作用机制研究. 北京协和医学院博士学位论文.
刘宇, 汤斌, 李松, 等. 2017. Trametes sp. LS-10C产漆酶发酵培养基优化及其漆酶对偶氮染料的脱色性能. 环境科学学报, 37(01): 193-200.
龙静宜. 1989. 食用豆类作物. 北京: 科学出版社.
罗力. 2015. 基于真菌漆酶作用机制的结构改造及改性漆酶降解有机磷毒物的研究. 河北医科大学硕士学位论文.
马承富. 2016. 漆酶催化降解蒽醌染料及其固定化研究. 武汉纺织大学硕士学位论文.
马养民, 赵洁. 2010. 植物内生真菌抗菌活性物质的研究进展. 有机化学, 30(2): 220-232.
邱德文. 2007. 我国生物农药现状分析与发展趋势. 植物保护, 32(5): 27-32.
邱德文. 2010. 我国植物病害生物防治的现状及发展策略. 植物保护, 36(4): 15-18.
慎镛健, 徐昌, 李颖, 等. 2015. 一株产漆酶菌株的分离及对造纸废水的处理研究. 安徽农业科学, 43(12): 250-252.
史应武, 娄恺, 李春. 2009. 内生真菌对甜菜主要农艺性状及氮糖代谢关键酶活性的影响. 作物学报, 35(5): 946-951.
宋思梦. 2015. 红豆杉根际漆酶菌株的分离、优化与实际应用. 大连交通大学硕士学位论文.
孙斌, 瞿伟菁, 张晓玲. 2004. 芹菜素的药理作用研究进展. 中药材, 27: 531-534.
孙剑秋, 郭良栋, 臧威. 2008. 药用植物内生真菌多样性及生态分布. 中国科学C辑: 生命科学, 8(5): 475-484.
孙绍美, 宋玉梅, 刘俭, 等. 1995. 木豆素制剂药理作用研究. 中草药, 25(8): 147-148.
唐勇, 王兵, 周学君. 1999. 木豆制剂外敷对开放创面纤维结合蛋白含量的影响. 广州中医药大学学报, 26(4): 302-304.
王菲, 袁胜涛, 朱丹妮. 2007. 肿节风抗肿瘤活性部位的化学成分. 中国天然药物, 5: 174-178.
王海涛, 石姗姗, 李银霞, 等. 2008. 染料木素的抑菌活性及其机制的研究. 营养学报, 30: 403-406.
王坚, 刁治民, 徐广. 2008. 植物内生菌的研究概况及其应用. 青海草业, 17(1): 24-28.
王凌云, 周艳辉, 李药兰, 等. 2003. 长瓣金莲花中黄酮苷的抑菌活性研究及牡荆苷的含量测定. 中药新药与临床药理, 14: 252-253.
巫婷玉. 2015. 产漆酶茶叶内生真菌的筛选、酶的分离纯化及酶学特性的研究. 福建师范大学硕士学位论文.
吴金平, 宋志红, 向发云, 等. 2009. 拮抗细菌在植物病害生物防治中的抗病机理. 湖北农业科学, 48(9): 2286-2288.
向锦, 庞文, 王建红. 2003. 木豆在中国的应用前景. 四川草原, 4: 38-40.

颜东亮. 2012. 木豆叶提取物对急性放射性皮炎的作用及其机理研究. 广州中医药大学硕士学位论文.
杨润亚, 冯培勇, 李清. 2006. 植物内生真菌农药活性的研究进展. 农药, 45(7): 440-444.
杨润亚, 李艳华, 柳娜娜, 等. 2007. 连翘内生真菌的分离及其抑菌活性初步研究. 安徽农业科学, 35(15): 4561-4563.
杨显志, 张玲琪, 郭波, 等. 2004. 一株产长春新碱内生真菌的初步研究. 中草药, 35(1), 79-81.
杨玉峰, 李保利. 2011. 植物内生真菌在植物病害生物防治中的作用. 河南农业科学, 40(3): 25-28.
易婷, 缪煜轩, 冯永君. 2008. 内生菌与植物的相互作用: 促生与生物薄膜的形成. 微生物学通报, 35(11): 1774-1780.
江东福, 马萍, 王兴红, 等. 1995. 龙血树真菌群及其对血竭形成的影响. 云南植物研究, (01): 79-82.
由庆. 2016. 产漆酶菌株的筛选及漆酶基因的克隆表达. 哈尔滨商业大学硕士学位论文.
袁浩, 姚伦龙, 陈隆宽, 等. 1984. 柳豆叶应用于感染创面564例疗效观察. 中西医结合杂志, 4: 352-353.
张跻. 2007. *Coriolus versicolor*产漆酶及其在染料脱色中的应用. 浙江大学硕士学位论文.
张建云, 谷勇, 周朝鸿, 等. 2001. 中国木豆研究现状及开发前景. 林业科学研究, 14(6): 647-681.
张晶, 郑毅男, 韩立坤. 1999. 旱柳叶中抗血栓、抗动脉硬化活性成分的研究. 中药材, 22: 131-133.
张玲琪, 郭波, 李海燕, 等. 2000. 长春花内生真菌的分离及其发酵产生药用成分的初步研究. 中草药, 31(11): 805-807.
赵相超. 2013. 核桃与板栗内生真菌分离、生防潜力菌株的筛选及其生物学特性. 山东农业大学硕士学位论文.
郑卓杰. 1997. 中国食用豆类学. 北京: 中国农业出版社.
中国农业百科全书编辑委员会. 1991. 中国农业百科全书(作物卷). 北京: 农业出版社.
周东坡, 平文详, 孙剑秋, 等. 2001. 紫杉醇产生菌分离的研究. 微生物学杂志, 21(1): 18-19.
邹丽琰, 傅延. 1997. 桂枝蒸馏液对离体灌流鼠心缺血/再灌注损伤的保护作用. 北京中医药大学学报, 20: 22-25.
左玮. 2014. 植物内生真菌在植保上的应用. 安徽农学通报, 20: 1-2.
Abbiw DK. 1990. Useful plants of Ghana. Richmond: Royal Botanic Gardens Kew: 64-67.
Adekunle AE, Zhang C, Guo C, et al. 2017. Laccase production from *Trametes versicolor* in solid-state fermentation of steam-exploded pretreated cornstalk. Waste and Biomass Valorization, 8(1): 153-159.
Adlercreutz H, Höckerstedt K, Bannwart C, et al. 1987. Effect of dietary components, including lignans and phytoestrogens, on enterohepatic circulation and liver metabolism of estrogens and on sex hormone binding globulin (SHBG). J Steroid Biochem, 27: 1135-1144.
Agnese AM, Pérez C, Cabrera JL. 2001. *Adesmia aegiceras*: Antimicrobial activity and chemical study. Phytomedicine, 8: 389-394.
Alexandre G, Zhulin IB. 2000. Laccases are widespread in bacteria. Trends in Biotechnology, 18(2): 41-42.
Anandak R, Sridhark R. 2002. Diversity of endophytic fungi in the toots of mangrove species on the west of India. Can J Microbiol, 48(10): 871-878.
Arnold AE. 2007. Understanding the diversity of foliar endophytic fungi: Progress, challenges, and frontiers. Fungal Biology Reviews, 21(2-3): 51-66.
Bagewadi ZK, Mulla SI, Ninnekar HZ. 2017. Purification and immobilization of laccase from *Trichoderma harzianum* strain HZN10 and its application in dye decolorization. Journal of Genetic Engineering and Biotechnology, 15(1): 139-150.
Bai RB, Yu YY, Wang Q, et al. 2016. Effect of laccase on dyeing properties of polyphenol-based natural dye for wool fabric. Fibers and Polymers, 17(10): 1613-1620.
Baldrian P. 2006. Fungal laccases—occurrence and properties. FEMS Microbiology, 30(2): 215-242.
Basheer S, Rashid N, Ashraf R, et al. 2017. Identification of a novel copper-activated and halide-tolerant laccase in *Geobacillus thermopakistaniensis*. Extremophiles, 21(3): 563-571.
Basile A, Giordano S, López-Sáez JA, et al. 1999. Antibacterial activity of pure flavonoids isolated from mosses. Phytochemistry, 52: 1479-1482.
Brady SF, Clardy J. 2000. CR377, a new pentaketide antifungal agent isolated from an endophytic fungus. J Nat Pord, 63: 1447-1448.
Bramati L, Aquilano F, Pietta P. 2003. Unfermented rooibos tea: Quantitative characterization of flavonoids by HPLC-UV and determination of the total antioxidant activity. J Agric Food Chem, 51: 7472-7474.

Carroll FE, Muller E, Sutton BC. 1977. Preliminary studies on the incidence of needle endophytes on some European conifers. Sydowia, 29: 87-103.

Castillo UF, Strobel GA, Ford EJ, et al. 2002. Munumbicins, wide-spectrum antibiotics produced by *Streptomyces* NRRL 30562, endophytic on *Kennedia nigriscans*. Microbiology, 148: 2675-2685.

Catherine H, Penninckx M, Frédéric D. 2016. Product formation from phenolic compounds removal by laccases: A review. Environmental Technology and Innovation, 5: 250-266.

Chen Y, Mao WJ, Tao HW, et al. 2011. Structural characterization and antioxidant properties of an exopolysaccharide produced by the mangrove endophytic fungus *Aspergillus* sp. Y16. Bioresource Technology, 102(17): 8179-8184.

Chowdhury AR, Sharma S, Mandal S, et al. 2002. Luteolin, an emerging anti-cancer flavonoid, poisons eukaryotic DNA topoisomerase I. Biochem J, 366: 653-661.

Claus H. 2004. Laccases: Structure, reactions, distribution. Micron, 35(1-2): 93-96.

Clay K. 1988. Fungal endophytes of grasses: A defensive mutualism between plants and fungi. Ecology, 69(1): 10-16.

Clay K. 1989. Clavicipitaceous endophytes of grasses: Their potential as biocontrol agent. Mycol Res, 92: 1-12.

Coll PM, Tabernero C, Santamaria R, et al. 1993. Characterization and structural analysis of the laccase I gene from the newly isolated ligninolytic basidiomycete PM1 (CECT 2971). Applied and Environmental Microbiology, 59(12): 4129-4135.

Corroll G. 1988. Fungal endophytes in stems and leaves: From latent pathogen to mutualistic symbiont. Ecology, 69: 2-9.

Dahiya JS, Strange RN, Bilyard KG, et al. 1984. Two isoprenylated isoflavone phytoalexins from *Cajanus cajan*. Phytochemistry, 23(4): 871-873.

Duker-Eshun G, Jaroszewski JW, Asomaning WA, et al. 2004. Antiplasmodial constituents of *Cajanus cajan*. Phytotherapy Research, 18: 128-130.

Eedlin SC, Carris LM. 1996. Endophytic Fungi in Grasses and Woody Plants: Systematics, Ecology, and Evolution. St. Paul, Minnesota: APS Press: 87-100.

Engel N, Hundt M, Schapals T. 2016. Increasing the lignin yield of the alkaline polyol pulping process by treating black liquor with laccases of *Myceliophthora thermophila*. Bioresource Technology, 203: 96-102.

Femando WGD, Nakkeeran S, Zhang Y, et al. 2007. Biological control of *Sclerotinia sclerotiorum* (Lib.) de Bary by *Pseudomonas* and *Bacillus* species on canola petals. Crop Protection, 26(2): 100-107.

Foti P, Erba D, Riso P, et al. 2005. Comparison between daidzein and genistein antioxidant activity in primary and cancer lymphocytes. Arch Biochem Biophys, 433: 421-427.

Fu XC, Wang MW, Li SP. 2005. Vasodilatation produced by orientin and its mechanism study. Biol Pharm Bull, 28: 37-41.

Fu Y, Zu Y, Liu W, et al. 2006. Optimization of luteolin separation from pigeon pea [*Cajanus Cajan* (L.) Millsp.] leaves by macroporous resins. Journal of Chromatographia A, 1137: 145-152.

Fu Y, Zu Y, Liu W, et al. 2007. Preparative separation of vitexin and isovitexin from pigeon pea extracts with macroporous resins. Journal of Chromatography A, 1139: 206-217.

Fu Y, Zu Y, Liu W, et al. 2008. Determination of vitexin and isovitexin in pigeon pea using ultrasonic extraction followed by LC-MS. Journal of Separation Science, 31: 268-275.

Gangadevi V, Muthumary J. 2008. Taxol, an anticancer drug produced by an endophytic fungus *Bartalinia robillardoides* Tassi, isolated from a medicinal plant, *Aegle marmelos* Correa ex Roxb. World J Microbiol Biotechnol, 24: 717-724.

Gao Y, Zhao JT, Zu YG, et al. 2012. Antioxidant properties, superoxide dismutase and glutathione reductase activities in HepG2 cells with a fungal endophyte producing apigenin from pigeon pea [*Cajanus cajan* (L.) Millsp.]. Food Research International, 49(1): 147-152.

Govindwar SP, Kurade MB, Tamboli DP, et al. 2014. Decolorization and degradation of xenobiotic azo dye Reactive Yellow-84A and textile effluent by *Galactomyces geotrichum*. Chemosphere, 109: 234-238.

Green PW, Stevenson PC, Simmones MS, et al. 2003. Phenolic compounds on the pod-surface of pigeon pea, *Cajanus cajan*, mediate feeding behavior of *Helicoverpa armigera* larvae. Journal of Chemical Ecology, 29: 811-821.

Grover JK, Yadav S, Vats V. 2002. Medicinal plants of India with anti-diabetic potential. Journal of Ethnopharmacology,

81(1): 81-100.

Guerney KA, Mantle PG. 1993. Biosynthesis of 1-*N*-methylalbonoursin by an endophytic *Streptomyces* sp. Journal of Natural Product, 56: 1194-1198.

Gunatilaka A. 2006. Natural products from plant-associated microorganisms: Distribution, structural diversity, bioactivity and implications of their occurrence. Journal of Natural Products, 69(3): 509-526.

Guo BY, Dai JR, Ng S, et al. 2000. Cytonic acids A and B: Novel tridepside inhibitors of hCMV protease from the endophytic fungus *Cytonaema* species. J Nat Pord, 63(5): 602-604.

Hakulinen N, Rouvinen J. 2015. Three-dimensional structures of laccases. Cellular and Molecular Life Sciences, 72(5): 857-868.

Harper JK, Ford EJ, Strovel GA, et al. 2003. Pestacin: A 1,3-dihydro isobenzofuran from *Pestalotiopsis microspora* possessing antioxidant and antimycotic activities. Tetrahedron, 59: 2471-2476.

Hashiba T, Narisawa K. 2005. The development and endophytic nature of the fungus *Heteroconium chaetospira*. FEMS Microbiology Letters, 252: 191-196.

Hawksworth DL. 2001. The magnitude of fungal diversity: The 1.5 million species estimate revisited. Mycological Research, 105: 1422-1433.

Heidary M, Khoobi M, Ghasemi S, et al. 2014. ChemInform abstract: Synthesis of quinazolinones from alcohols via laccase-mediated tandem oxidation. Advanced Synthesis and Catalysis, 356: 1789-1794.

Herre EA, Mejia LC, Kyllo DA. 2007. Ecological implications of anti-pathogen effects of tropical fungal endophytes and mycorrhizae. Ecology, 88(3): 550-558.

Hertrampf T, Gruca MJ, Seibel J, et al. 2007. The bone-protective effect of the phytoestrogen genistein is mediated via ER α-dependent mechanisms and strongly enhanced by physical activity. Bone, 40: 1529-1535.

Hien TV, Huong NB, Hung PM, et al. 2002. Radioprotective effects of vitexina for breast cancer patients undergoing radiotherapy with cobalt-60. Integr Cancer Ther, 1: 38-43.

Ingham JL. 1976. Induced isoflavonoids from fungus-infected stems of pigeon pea (*Cajanus cajan*). Zeitschrift für Naturforschung. Section C: Biosciences, 31(9-10): 504.

Jiang ZM, Yuan XY, Yao K, et al. 2017. Laccase-aided modification: Effects on structure, gel properties and antioxidant activities of α-lactalbumin. LWT-Food Science and Technology, 80: 355-363.

Kang J, Li Z, Wu T, et al. 2010. Anti-oxidant capacities of flavonoid compounds isolated from acai pulp (*Euterpe oleracea* Mart.). Food Chemistry, 122: 610-617.

Karhunen E, Niku-Paavola ML, Viikari L, et al. 1990. A novel combination of prosthetic groups in a fungal lactase; PQQ and two copper atoms. FEBS Letters, 267(1): 6-8.

Kharwar RN, Verma VC, Kumar A, et al. 2009. Javanicin, an antibacterial naphthaquinone from an endophytic fungus of neem, *Chloridium* sp. Curr Microbiol, 58: 233-238.

Khiralla A, Mohamed I, Thomas J, et al. 2015. A pilot study of antioxidant potential of endophytic fungi from some Sudanese medicinal plants. Asian Pacific Journal of Tropical Medicine, 8: 701-704.

Kimata M, Inagaki N, Nagai H. 2000. Effects of luteolin and other flavonoids on IgE-mediated allergic reactions. Planta Med, 66: 25-29.

Ko WG, Kang TH, Lee SJ, et al. 2002. Effects of luteolin on the inhibition of proliferation and induction of apoptosis in human myeloid leukaemia cells. Phytother Res, 16: 295-298.

Kong Y, Fu YJ, Zu YG, et al. 2009. Ethanol modified supercritical fluid extraction and antioxidant activity of cajaninstilbene acid and pinostrobin from pigeon pea [*Cajanus cajan* (L.) Millsp.] leaves. Food Chemistry, 117(1): 152-159.

Koschorreck K, Wahrendorff F, Biemann S, et al. 2017. Cell thermolysis—a simple and fast approach for isolation of bacterial laccases with potential to decolorize industrial dyes. Process Biochemistry, 56: 171-176.

Kour A, Shawl AS, Rehman S. 2008. Isolation and identification of an endophytic strain of *Fusarium oxysporum* producing podophyllotoxin from *Juniperus recurva*. World J Microbiol Biotechnol, 24: 1115-1121.

Kumar DS, Hyde KD. 2004. Biodiversity and tissue-specificity of endophytic fungi in *Tripterygium wilfordii*. Fungal Divers, 17: 69-90.

Lamartiniere CA, Moore J, Holland M, et al. 1995. Neonatal genistein chemoprevents mammary cancer. Exp Biol Med, 208: 120-123.

Lee JC, Lobkosky E, Pliam NB, et al. 1995. Subglutinols A and B: Immunosuppressive compounds from the endophytic fungus *Fusarium subglutinans*. J Org Chem, 60: 7076-7077.

Lee LT, Huang YT, Hwang JJ. 2002. Blockade of the epidermal growth factor receptor tyrosine kinase activity by quercetin and luteolin leads to growth inhibition and apoptosis of pancreatic tumor cells. Anticancer Res, 22: 1615-1627.

Li D, Wang Q, Yuan ZF, et al. 2008. Pharmacokinetics and tissue distribution study of orientin in rat by liquid chromatography. J Pharmaceut Biomed, 47: 429-434.

Li E, Tian R, Liu S, et al. 2008. Pestalotheols A-D, bioactive metabolites from the plant endophytic fungus *Pestalotiopsis theae*. J Nat Prod, 71: 664-668.

Li JY, Strobe G, Sidhu R, et al. 1996. Endophytic taxol-producing fungi from bald cypress, *Taxodium distichum*. Microbiology, 142: 2223-2226.

Li WC, Zhou J, Guo SY, et al. 2007. Endophytic fungi associated with lichens in Baihua mountain of Beijing, China. Fungal Diversity, 25: 69-80.

Li YL, Ma SC, Yang YT. 2002. Antiviral activities of flavonoids and organic acid from *Trollius chinensis* Bunge. J Ethnopharmacol, 79: 365-368.

Lin CM, Chen CT, Lee HH, et al. 2002. Prevention of cellular ROS damage by isovitexin and related flavonoids. Planta Med, 68: 365-367.

Lindenmeyer F, Li H, Menashi S, et al. 2001. Apigenin acts on the tumor cell invasion process and regulates protease production. Nutr Cancer, 39: 139-147.

Litvintseva AP, Henson JM. 2002. Cloning, characterization, and transcription of three laccase genes from *Gaeumannomyces graminis* var. *tritici*, the take-all fungus. Applied and Environmental Microbiology, 68(3): 1305-1311.

Liu XL, Dong MS, Chen XH, et al. 2007. Antioxidant activity and phenolics of an endophytic *Xylaria* sp. from *Ginkgo biloba*. Food Chemistry, 105: 548-554.

Liu X, Zhang X, Fu YJ, et al. 2011. Cajanol inhibits the growth of *Escherichia coli* and *Staphylococcus aureus* by acting on membrane and DNA damage. Planta Med, 77: 158-163.

Luo Q, Wang ZY, Feng MB, et al. 2017. Factors controlling the rate of perfluorooctanoic acid degradation in laccase-mediator systems: The impact of metal ions. Environmental Pollution, 224: 649-657.

Luo M, Liu X, Zu YG, et al. 2010. Cajanol, a novel anticancer agent from pigeon pea [*Cajanus cajan* (L.) Millsp.] roots, induces apoptosis in human breast cancer cells through a ROS-mediated mitochondrial pathway. Chemico-Biological Interactions, 188(1): 151-160.

Macías-Rubalcava ML, Hernández-Bautista BE, Jiménez-Estrada M, et al. 2008. Naphthoquinone spiroketal with allelochemical activity from the newly discovered endophytic fungus *Edenia gomezpompae*. Phytochemistry, 69: 1185-1196.

Marquez LM, Redman RS, Rodriguez RJ. 2007. A virus in a fungus in a plant: Three-way symbiosis required for thermal tolerance. Science, 315(58): 513-515.

Messerschmidt A, Ladenstein R, Huber R, et al. 1992. Refined crystal structure of ascorbate oxidase at 1.9 A resolution. Journal of Molecular Biology, 224(1): 179-205.

Milliken W. 1997. Plants for Malaria, Plants for Fever. Richmond: Royal Botanic Gardens Kew: 158-164.

Min KL, Kim YH, Kim YW, et al. 2001. Characterization of a novel laccase produced by the wood-rotting fungus *Phellinus ribis*. Archives of Biochemistry and Biophysics, 392(2): 279-286.

Mittra B, Saha A, Chowdhury AR. 2000. Luteolin, an abundant dietary component is a potent anti-leishmanial agent that acts by inducing topoisomerase II-mediated kinetoplast DNA cleavage leading to apoptosis. Mol Med, 6: 527-541.

Morton JF. 1976. The pigeon pea (*Cajonus cajan* Millsp.), a high protein tropical bush legume. Hortscience, 11(1): 11-19.

Mucciarelli K, Camusso W, Maffei M. 2007. Volatile Terpenoids of endophyte-free and Infected Peppermint (*Mentha piperita* L.): Chemical partitioning of a symbiosis. Microbial Ecology, 54(4): 685-696.

Mueller GM, Schmit JP. 2007. Fungal biodiversity: What do we know? What can we predict? Biodiversity and Conservation, 16(1): 1-5.

Musetti R, Polizzotto R, Vecchione A, et al. 2007. Antifungal activity of diketopiperazines extracted from *Alternaria alternata* against *Plasmopara viticola*: An ultrastructural study. Micron, 38: 643-650.

Narisawa K, Ohki T, Hashiba T. 2000. Suppression of clubroot and *Verticillium* yellows in Chinese cabbage in the field by the endophytic fungus, *Heteroconium chaetospira*. Plant Pathology, 49: 141-146.

Nguyen LT, Seow N, Yang KL. 2017. Hollow cross-linked enzyme aggregates (h-CLEA) of laccase with high uniformity and activity. Colloids and Surfaces B: Biointerfaces, 151: 88-94.

Nguyen TA, Fu CC, Juang RS. 2016. Effective removal of sulfur dyes from water by biosorption and subsequent immobilized laccase degradation on crosslinked chitosan beads. Chemical Engineering Journal, 304: 313-324.

Nisa H, Kamili AN, Nawchoo IA, et al. 2015. Fungal endophytes as prolific source of phytochemicals and other bioactive natural products: A review. Microbial Pathogenesis, 82: 50-59.

Palmieri G, Giardina P, Bianco C, et al. 1997. A novel white laccase from *Pleurotus ostreatus*. The Journal of Biological Chemistry, 272(50): 31301-31307.

Pan K, Zhao NN, Yin Q, et al. 2014. Induction of a laccase Lcc9 from *Coprinopsis cinerea* by fungal coculture and its application on indigo dye decolorization. Bioresource Technology, 162: 45-52.

Petrini O. 1991. Fungal endophytes of tree leaves. *In*: Andrews JH, Hirano SS. Microbial Ecology of Leaves. New York: Springer-Verlag: 179-197.

Picerno P, Mencherini T, Lauro MR. 2003. Phenolic constituents and antioxidant properties of *Xanthosoma violaceum* leaves. J Agric Food Chem, 51: 6423-6428.

Pulici M, Sugawara F, Koshino H, et al. 1996. Pestalotiopsins A and B: New caryophyllenes from an endophytic fungus of *Taxus brevifolia*. J Org Chem, 61: 2122-2124.

Quisumbing E. 1978. Medicinal Plant of the Philippines. Quezon City: Katha Publishing: 1088-1091.

Ramírez-Montoya LA, Hernández-Montoya V, Montes-Morán MA, et al. 2015. Decolorization of dyes with different molecular properties using free and immobilized laccases from *Trametes versicolor*. Journal of Molecular Liquids, 212: 30-37.

Raso GM, Meli R, Carlo GD, et al. 2001. Inhibition of inducible nitric oxide synthase and cyclooxygenase-2 expression by flavonoids in macrophage J774A. Life Sciences, 68: 921-931.

Redin S C. 1996. Endophytic Fungi in Grasses and Woody Plants: Systematics, Ecology, an Devolution. St. Paul, Minnesota: APS Press: 223.

Rezaei S, Tahmasbi H, Mogharabi M, et al. 2015. Efficient decolorization and detoxification of reactive orange 7 using laccase isolated from *Paraconiothyrium variabile*, kinetics and energetics. Journal of the Taiwan Institute of Chemical Engineers, 56: 113-121.

Rivera-Hoyos CM, Morales-Álvarez ED, Poutou-Piñales RA, et al. 2013. Fungal laccases. Fungal Biology Reviews, 27(3-4): 67-82.

Rodriguez RJ, Redman R. 2008. More than 400 million years of evolution and some plants still can't make it on their own: Plant stress tolerance via fungal symbiosis. Journal of Experimental Botany, 59(5): 1109-1114.

Rodriguez RJ, Henson J, Van Volkenburgh E. 2008. Stress tolerance in plants via habitat-adapted symbiosis. International Society of Microbial Ecology, 2(4): 404-416.

Rodriguez RJ, White JF, Arnold AE, et al. 2009. Fungal endophytes: Diversity and functional roles. New Phytologist, 182(2): 314-330.

Roriz MS, Osma JF, Teixeira JA, et al. 2009. Application of response surface methodological approach to optimise Reactive Black 5 decoloration by crude laccase from *Trametes pubescens*. Journal of Hazardous Materials, 169(1-3): 691-696.

Rudrappa T, Biedrzycki ML, Bais HP. 2008. Causes and consequences of plant-associated biofilms. FEMS Microbiology Ecology, 64: 153-166.

Saikonen K, Wali P, Helander M. 2004. Evolution of endophyte-plant symbioses. Trends in Plant Science, 9(6): 275-280.

Schulz B, Boyle C, Draeger S, et al. 2002. Endophytic fungi: A source of novel biologically active secondary metabolites. Mycol Res, 106. 996-1004.

Shanmugam S, Ulaganathan P, Sivasubramanian S, et al. 2017. *Trichoderma asperellum* laccase mediated crystal violet degradation-optimization of experimental conditions and characterization. Journal of Environmental Chemical Engineering, 5(1): 222-231.

Si J, Peng F, Cui BK. 2013. Purification, biochemical characterization and dye decolorization capacity of an alkali-resistant and metal-tolerant laccase from *Trametes pubescens*. Bioresource Technology, 128: 49-57.

Sieber TN, Hugentobler C. 1987. Endophytic fungi in leaves and twigs of healthy and diseased beech trees (*Fagus sylvatica* L.). Eur J For Pathol, 17: 411-425.

Siegelm R, Johnsonm C, Varney DR. 1984. A fungal endophyte in tall fescue: Incidence and dissemination. Phytopathology, 74: 932-937.

Siroosi M, Amoozegar MA, Khajeh K. 2016. Purification and characterization of an alkaline chloride-tolerant laccase from a halotolerant bacterium, *Bacillus* sp. strain WT. Journal of Molecular Catalysis B: Enzymatic, 134(3): 89-97.

Solís-Oba M, Ugalde-Saldívar VM, González I, et al. 2005. An electrochemical-spectrophotometrical study of the oxidized forms of the mediator 2,2'-azino-bis-(3-ethylbenzothiazoline-6-sulfonic acid) produced by immobilized laccase. Journal of Electroanalytical Chemistry, 579(1): 59-66.

Solomon EI, Sundaram UM, Machonkin TE. 1996. Multicopper oxidases and oxygenases. Chemical Reviews, 96(7): 2563-2606.

Stierle A, Strobel G, Stierle D. 1993. Taxol and taxane production by *Taxomyces andreanae*, an endophytic fungus of Pacific yew. Science, 260(5105): 214-216.

Strobel GA. 2003. Endophytes as sources of bioactive products. Microbes and Infection, 5(6): 535-544.

Strobel GA, Li JY, Sugawara F, et al. 1999a. Oocydin A, a chlorinated macrocyclic lactone with potent anti-oomycete activity from *Serratia marcesces*. Microbiology, 145: 3557-3564.

Strobel GA, Miller RV, Martinez-Miller C, et al. 1999b. Cryptocandin, a potent antimycotic from the endophytic fungus *Cryptosporiopsis* cf. *quercina*. Microbiology, 145: 1919-1926.

Strobel GA, Hess WM, Li JY, et al. 1997a. *Pestalotiopsis guepinii*, a taxol-producing endophyte of the Wollemi pine, *Wollemia nobilis*. Aust J Bot, 45: 1073-1082.

Strobel GA, Torczynski R, Bollon A. 1997b. *Acremonium* sp.—a leucinostatin A producing endophyte of European yew (*Taxus baccata*). Plant Science, 128: 97-108.

Strobel G, Daisy B, Castillo U, et al. 2004. Natural products from endophytic Microorganisms. J Nat Prod, 67: 257-268.

Strobel G, Ford E, Li J. 1996a. *Seimatoantlerium tepuiense* gen. nov., a unique epiphytic fungus producing taxol from the Venezuelan Guyana. System Appl Microbiol, 22: 426-433.

Strobel G, Hess WM, Ford E, et al. 1996b. Taxol from fungal endophytes and the issue of biodiversity. Journal of Industrial Microbiology, 17: 417-423.

Sun K, Huang QG, Li SY. 2017. Transformation and toxicity evaluation of tetracycline in humic acid solution by laccase coupled with 1-hydroxybenzotriazole. Journal of Hazardous Materials, 331: 182-188.

Tao MH, Chen YC, Wei XY, et al. 2014. ChemInform abstract: Chemical constituents of the endophytic fungus *Phomopsis* sp. A240 isolated from *Taxus chinensis* var. *mairei*. Helvetica Chimica Acta, 97(3): 426-430.

Toti T, Viret O, Chapela LH, et al. 1992. Differential attachment by the conidia of the endophyte *Discula umbrinella* (Berk and Br.) Morelet to host and non-host surface. New Phytol, 121: 469-475.

Turrens JF. 2003. Mitochondrial formation of reactive oxygen species. Journal of Physiology-London, 552(2): 335-344.

Uchida H, Fukuda T, Miyamoto H, et al. 2001. Polymerization of bisphenol a by purified laccase from *Trametes villosa*. Biochemical and Biophysical Research Communications, 287(2): 355-358.

Vasquez R, Steinberg ML. 1999. Enhancement of PCRs by partial restriction digestion of genomic templates. BioTechniques, 26(1): 91-95.

Vats A, Mishra S. 2017. Decolorization of complex dyes and textile effluent by extracellular enzymes of *Cyathus bulleri* cultivated on agro-residues/domestic wastes and proposed pathway of degradation of Kiton blue A and reactive orange 16. Environmental Science and Pollution Research, 24(12): 11650-11662.

Wang JM, Ding GZ, Fang L, et al. 2010. Thiodiketopiperazines produced by the endophytic fungus *Epicoccum nigrum*. J Nat Prod, 73: 1240-1249.

Wang TN, Zhao M. 2017. A simple strategy for extracellular production of CotA laccase in *Escherichia coli* and decolorization of simulated textile effluent by recombinant laccase. Applied Microbiology and Biotechnology, 101(2): 685-696.

Wang SS, Ning YJ, Wang SN, et al. 2017. Purification, characterization, and cloning of an extracellular laccase with potent dye decolorizing ability from white rot fungus *Cerrena unicolor* GSM-01. International Journal of Biological Macromolecules, 95: 920-927.

Weber RWS, Kappe R, Paululat T, et al. 2007. Anti-*Candida* metabolites from endophytic fungi. Phytochemistry, 68: 886-892.

Wilson AD. 1996. Resources and testing of endophytic-infected germplasm in national grass repository collections. *In*: Redlin SC, Carris LM. Endophytic Fungi in Grasses and Woody Plants: Systematics, Ecology, and Evolution. St. Paul, Minnesota: APS Press: 179-195.

Wong YX, Yu J. 1999.Laccase-catalyzed decolorization of synthetic dyes. Water Research, 33(16): 3512-3520.

Worapong J, Strobel G, Ford EJ, et al. 2001. *Muscodor albus* anam. gen. et sp. nov. an endophyte from *Cinnamomum zeylanicum*. Mycotaxon, 79: 67-79.

Wu N, Kong Y, Fu Y, et al. 2010a. *In vitro* antioxidant properties, DNA damage protective activity, and xanthine oxidase inhibitory effect of cajaninstilbene acid, a stilbene compound derived from pigeon pea [*Cajanus cajan* (L.) Millsp.] leaves. Journal of Agricultural and Food Chemistry, 59(1): 437-443.

Wu N, Zu YG, Fu YJ, et al. 2010b. Antioxidant activities and xanthine oxidase inhibitory effects of extracts and main polyphenolic compounds obtained from *Geranium sibiricum* L. J Agric Food Chem, 58: 4737-4743.

Wu N, Kong Y, Zu YG, et al. 2011. Activity investigation of pinostrobin towards herpes simplex virus-1 as determined by atomic force microscopy. Phytomedicine, 18: 110-118.

Wubshet SG, Nyberg NT, Tejesvi MV, et al. 2013. Targeting high-performance liquid chromatography-high-resolution mass spectrometry-solid-phase extraction-nuclear magnetic resonance analysis with high-resolution radical scavenging profiles-bioactive secondary metabolites from the endophytic fungus *Penicillium namyslowskii*. Journal of Chromatography A, 1302: 34-39.

Yaropolov AI, Skorobogat'Ko OV, Vartanov SS, et al. 1994. Laccase: Properties, catalytic mechanism, and applicability. Applied Biochemistry and Biotechnology, 49(3): 257-280.

Zeng SQ, Qin XL, Xia LM. 2017. Degradation of the herbicide isoproturon by laccase-mediator systems. Biochemical Engineering Journal, 119: 92-100.

Zeng XK, Cai YJ, Liao XR, et al. 2011. Decolorization of synthetic dyes by crude laccase from a newly isolated *Trametes trogii* strain cultivated on solid agro-industrial residue. Journal of Hazardous Materials, 187(1-3): 517-525.

Zhang B, Salituro G, Szalkowski D, et al. 1999. Discovery of a small molecule insulin mimetic with antidiabetic activity in mice. Science, 284: 974-977.

Zhang HW, Song YC, Tan RX. 2006. Biology and chemistry of endophytes. Nat Prod Rep, 23: 753-771.

Zhao JT, Fu YJ, Luo M. 2012. Endophytic fungi from pigeon pea [*Cajanus cajan* (L.) Millsp.] produce antioxidant cajaninstilbene acid. J Agric Food Chem, 60: 4314-4319.

Zhao JT, Ma DH, Luo M, et al. 2014. *In vitro* antioxidant activities and antioxidant enzyme activities in HepG2 cells and main active compounds of endophytic fungus from pigeon pea [*Cajanus cajan* (L.) Millsp.]. Food Research International, 56: 243-251.

第 2 章 木豆内生真菌的分离、纯化及鉴定

长久以来，从植物中筛选、提取天然药物已是新药研究的热点。然而天然药物来源非常有限，植物生长周期长、活性成分产量较低，使得天然药物不能得到广泛应用。药用植物内生真菌是一个丰富而巨大的天然产物来源的宝库，近年来已经报道的植物内生真菌次生代谢产物数据显示，植物内生真菌次生代谢产物具有非常多的生物活性，包括抗氧化、抗肿瘤、抗炎、抗病毒、抗菌、免疫增强等。这些次生代谢产物有的是与宿主相同或相近的活性化合物（高原，2012），有的是内生真菌产生的结构新颖、活性多样的新型化合物（赵晋彤，2014），这些化合物在生物制药、农业生产、环境保护及新型微生物源农药的研发等方面表现出了巨大的应用前景和价值。因此从木豆中分离得到具有抗植物病原菌等作用的次生代谢产物的木豆内生真菌，为生物防治及新型微生物源农药等的开发提供了重要的物质基础和理论依据。本章对木豆不同组织的内生真菌进行分离纯化，对分离到的内生真菌菌株进行系统分类和鉴定。

2.1 木豆内生真菌的分离与纯化

2.1.1 样品表面消毒及消毒效果检查

样品表面消毒：首先对样品进行预处理，取新鲜的、健康的木豆的根、茎、叶、花、豆荚及种子在自来水下用洗涤剂洗掉样品表面残留的泥土，冲洗干净后用滤纸擦干。接下来进行表面消毒，在超净工作台中严格进行无菌操作，步骤为：木豆不同部位的大块组织分别用75%乙醇消毒浸泡，消毒时间为根1min、茎1min、叶0.5min、花0.5min、豆荚1min、种子1min，轻轻混匀使其作用充分，无菌水洗涤2次；随后，用5%次氯酸钠溶液进行进一步消毒，时间分别为根7min、茎7min、叶3min、花1min、豆荚5min、种子5min，之后使用无菌水洗涤2次，用灭菌滤纸吸干多余水分。

消毒效果检查：①组织印迹法：在无菌条件下，将已进行表面消毒的植物材料表面与PDA固体平板接触5~10min后取出，平板培养3~7天后，观察培养皿中是否有真菌生长。②漂洗液检验法：在无菌条件下，将最后一次用于漂洗植物样品的漂洗液，吸取0.1~0.2mL涂布于PDA固体平板上，观察是否有真菌生长。

每个PDA平板中均含有20μg/μL青霉素说明已排除细菌和杂菌的干扰。消毒过程中，植物材料要完全、充分地浸没在消毒溶液中，并轻轻晃动，以促进组织块与消毒溶液充分接触，使表面消毒彻底。准确记录消毒时间，选取可将植物组织表面彻底消毒的最短时间作为最佳时间。

2.1.2　内生真菌的分离与纯化

无菌条件下，将表面消毒后的植物组织在无菌滤纸上滤干，根和茎用无菌剪刀剪成若干约0.5cm×0.5cm小段，叶、花和豆荚用无菌剪刀剪成若干约0.5cm×0.5cm小块，种子用无菌刀片切成0.5cm×0.5cm小块。将所切成的小块组织都接种于PDA培养基上，置于28℃±2℃恒温培养箱培养，5～7天后及时挑取组织切口处新长出的菌丝，并转接至新鲜的PDA平板上培养。

菌落长出后，根据菌落形态及颜色的差异，分别挑取不同菌落的边缘菌丝转接于新的PDA平板上再培养5～7天，观察记录菌落的形态。纯化3次左右经镜检无杂菌方可保证所得菌落为纯培养。

将纯化得到的菌落进行斜面保藏，在25mL的普通试管中加入8mL左右的PDA培养基，用双层报纸将试管塞一端包紧。高压灭菌后趁热摆成斜面，待培养基冷凝后，贴好标签，备用。在斜面上接入纯化的菌株，于28℃恒温培养箱中培养，待菌落长满斜面后，置于4℃冰箱中保藏，定期检查。

2.2　木豆内生真菌的鉴定

2.2.1　形态学鉴定

菌体的形态特征既包括群体形态又包括个体形态。通过群体形态及个体形态的鉴定并依照《真菌鉴定手册》（魏景超，1979）的内容对其进行经典分类鉴定和描述。

群体形态指的是菌种菌落形态，包括菌落的大小、颜色、质地、边缘、表面纹饰及渗出物等。使用接种针挑取微量菌丝，接种于PDA平板的中心位置，在28℃条件下培养7～14天后进行观察。

（1）菌落大小：菌落的大小主要通过测量菌落边缘的直径来比较。

（2）菌落颜色：菌落正反面的颜色、是否有色素渗透到培养基中。

（3）菌落质地：绒毛状、革质状、毯状、棉絮状、毡状等，是否有呈束状或呈绳状的气生菌丝。

（4）菌落边缘：有树枝状、圆滑及锯齿状等情况。

（5）菌落表面纹饰：有辐射沟纹、同心环、皱纹等，整个菌落致密程度或疏松程度等。

（6）渗出物：菌落表面是否有成形的液滴产生及液滴是否有颜色等。

个体形态则是指借助光学显微镜等仪器观察菌丝体及其孢子的形态特征。包括菌丝、分生孢子梗和分生孢子形态等。在载玻片上滴加一滴乳酸石炭酸棉蓝染色液，用接种针挑取适量的菌丝体置于染色液中，尽量将菌丝体分散开后盖上盖玻片，染色时间持续10min后在光学显微镜下观察。观察的时候先在低倍镜下进行，选择具有菌株的典型视野，之后再转换高倍镜用于拍照和描述记载。

（1）菌丝的特征：菌丝体表面的质地（粗糙或光滑）和宽度等。

（2）分生孢子梗：菌丝体基部粗糙或光滑，轮生或单生，分支情况简单或复杂，分支长短等。

（3）分生孢子形态：分生孢子的聚集方式（聚集成头、斜链或直链），大小和形状等。

2.2.2 分子生物学鉴定

1. 基因组DNA的提取

将木豆内生真菌菌株分别转接到PDA平板上活化3天，挑取菌丝接种于200mL PDB中，28℃，120r/min振荡培养7天后，抽滤获得菌丝体。将烘干的菌丝体放入液氮中研磨成粉末状，置于-20℃保存备用。选用基因组DNA小量抽提试剂盒来提取内生真菌的基因组DNA。

（1）取0.1g左右上述菌丝体粉末至1.5mL无菌离心管中，加入180μL样品裂解液A。

（2）加入20μL蛋白酶K，振荡混匀，55℃水浴孵育至完全裂解。

（3）清除RNA，希望获得高纯度总DNA（不含RNA），加入4μL 100mg/mL核糖核酸酶A（RNase A），振荡混匀，15~25℃放置2min。

（4）最高速剧烈振荡15s，加入200μL样品裂解液B，振荡混匀，70℃孵育10min。

（5）加入200μL无水乙醇，振荡混匀。加入乙醇后必须充分混匀，否则会严重影响抽提效果。

（6）把步骤（5）中的混合物加入DNA纯化柱内，12 000r/min离心1min，倒弃废液收集管内液体，必须把沉淀全部转移到DNA纯化柱内，否则会严重影响抽提效果。

（7）加入500μL洗涤液Ⅰ，12 000r/min离心1min。倒弃废液收集管内液体。

（8）加入600μL洗涤液Ⅱ，12 000r/min离心1min。倒弃废液收集管内液体。

（9）再进行12 000r/min离心1min，以去除残留的乙醇。倒弃废液后再离心可以确保充分去除残留的乙醇。

（10）将DNA纯化柱置于一个洁净的1.5mL无菌离心管上，加入50~200μL洗脱液。室温放置1~3min后12 000r/min离心1min。所得液体即纯化得到的总DNA。

2. 基因组DNA的检测

提取到的木豆内生真菌DNA在经过核酸分析仪检测计算DNA的浓度后，取5μL样品与6×loading buffer混合，以DNA Marker DL 2000作为分子量标准，在质量浓度

1%的含有GelRed核酸凝胶染色剂（10 000×）的琼脂糖凝胶上进行电泳检测。电泳缓冲液为1×TAE，电压为100V，大约30min后在凝胶成像系统下检测并照相。

DNA分子在琼脂糖凝胶电泳中具有电荷效应和分子筛效应，DNA分子在高于等电点的pH溶液中带负电荷，并在电场中由负极向正极移动。DNA分子的迁移速度与相对分子质量的对数值成反比关系。观察其迁移距离，再与标准DNA片段进行对照，就可以获知该样品的分子量大小。在一定电场强度下，DNA分子的移动速度往往与DNA分子本身的大小和构型有关，具有不同相对分子质量的DNA片段泳动速度不同。琼脂糖凝胶电泳也可分离相对分子质量相同，但构型不同的DNA分子。

3. 聚合酶链反应（PCR）扩增

1）PCR扩增引物的合成

本研究所用PCR扩增引物ITS1与ITS4（White et al.，1990）由生工生物工程（上海）股份有限公司合成（PAGE纯化），用于扩增ITS rRNA基因序列。引物序列如下：

ITS1: 5′-TCCGTAGGTGAACCTGCGG-3′

ITS4: 5′-TCCTCCGCTTATTGATATGC-3′

2）扩增条件

（1）扩增反应体系：将上述制备的基因组DNA作为PCR扩增的模板，采用50μL反应体系，各组分如下。

组成成分	用量/μL
2×Master Mix	25
上游Primer（10μmol/L）	4
下游Primer（10μmol/L）	4
模板DNA	2
dd H$_2$O	15
总量	50

（2）扩增条件。

变性温度 94℃	3min
变性温度 94℃	30s
退火温度 53℃	30s } 33个循环
延伸温度 72℃	1min
延伸温度 72℃	5min
4℃	保存

（3）PCR产物的检测。取5μL PCR扩增产物移至1%的琼脂糖凝胶上进行电泳检测，电泳缓冲液为1×TAE，100V电泳30min，电泳结束后，使用凝胶成像仪记录实验结果。

4. PCR扩增产物的回收、纯化及测序

按照DNA凝胶回收试剂盒说明书的要求对PCR扩增产物进行回收、纯化。操作步骤如下。

（1）柱平衡步骤：向吸附柱中（吸附柱放入收集管中）加500μL平衡液，12 000r/min离心1min，弃去收集管中的废液，将吸附柱重新放回收集管。

（2）将单一的目的DNA条带从琼脂糖凝胶中切下（尽量切除多余部分），放入干净的离心管中，称取重量。

（3）向凝胶块中加入三倍体积的溶胶液，50℃水浴放置10min，其间不断温和地上下翻转离心管，以确保胶块的充分溶解。如果有未溶解的胶块，可再补加溶胶液或继续水浴放置几分钟，直到胶块完全溶解。

（4）将步骤（3）中所得溶液加入一个新的吸附柱中，室温放置2min，12 000r/min离心30～60s，倒掉收集管中的废液，将吸附柱放入收集管中。

（5）向吸附柱中加入600μL漂洗液，12 000r/min离心30～60s，倒掉收集管中的废液，将吸附柱放入收集管中。

（6）向吸附柱中加入600μL漂洗液，12 000r/min离心30～60s，倒掉废液。

（7）将吸附柱放回收集管中，12 000r/min离心2min，尽量除尽漂洗液。将吸附柱置于室温放置数分钟，彻底晾干，以防残留影响下一步实验。

（8）将吸附柱放入一个干净离心管中，向吸附膜中间位置悬空滴加适量洗脱缓冲液，室温放置2min，12 000r/min离心2min，离心管中的液体即回收的DNA片段，立即使用或于-20℃备用。

将经过回收、纯化的PCR产物送生工生物工程（上海）股份有限公司进行测序。

5. 内生真菌的分子鉴定及系统发育分析

根据测序获得的内生真菌的转录间隔区（ITS）基因序列，首先应用GenBank中BLAST程序比对分析样品碱基序列的同源性，即与已测定出的序列进行比对寻找同源序列，下载与其相似度较高的菌株序列并参考。记录其GenBank序号及序列、与原始序列的相似性及Score值，其中Score值代表两株菌株相似性的一个总体性评价，此值越高则相似度越大。应用已知的参考序列的目的是通过对代表不同分类单元的DNA序列进行系统发育关系分析，进而在一个系统发育树中建立起反应系统发育关系的框架，进一步通过内生真菌在这个框架中的位置来推测其可能的分类地位。

测定所得的序列将通过MEGA 4.1软件（Tamura et al.，2007）中的Clustal程序进

行多序列对位排序,为了实现匹配排序的最优化,可以对所排序列进行序列判读以减少读序的错误,从排序结果中找到特殊序列的碱基的转换或颠换、插入或缺失位点。然后利用MEGA 4.1软件进行序列分析并计算进化距离,使用邻接法(neighbor-joining method)(Saitou and Nei, 1987)构建系统发育树,并在分支上标记重复1000次获得的自展检验Bootstrap值(Felsenstein, 1985),用来评估系统发育树的置信度。

2.3　结果与讨论

2.3.1　木豆内生真菌的分离及鉴定

经过木豆内生真菌分离的对照组检验,发现木豆的不同组织部位消毒是彻底的,并没有在其边缘发现杂菌的生长,因此,通过对木豆不同组织部位消毒条件的优化,按照表2-1所示的条件对木豆不同组织部位进行内生真菌的分离。

表2-1　分离木豆不同组织部位的内生真菌所用的消毒剂和最佳消毒时间(min)

植物组织部位	75%乙醇浸泡时间	5%NaClO浸泡时间
根	1	7
茎	1	7
叶	0.5	3
花	0.5	1
豆荚	1	5
种子	1	5

由木豆不同组织部位分离的内生真菌,经过培养后总共得到185株木豆内生真菌。结合其菌落形态特征及个体形态特征并参照《真菌鉴定手册》(魏景超,1979)的内容对分离获得的内生真菌进行初步判断,这些内生真菌分别属于镰刀菌属(*Fusarium* sp.)、链格孢属(*Alternaria* sp.)、肉座菌属(*Hypocrea* sp.)、青霉属(*Penicillium* sp.)、毛壳菌属(*Chaetomium* sp.)、曲霉属(*Aspergillus* sp.)、漆斑菌属(*Myrothecium* sp.)、刺盘孢属(*Colletotrichum* sp.)、突脐蠕孢属(*Exserohilum* sp.)、平脐蠕孢属(*Bipolaris* sp.)、黑孢霉属(*Nigrospora* sp.)、生赤壳属(*Bionectria* sp.)、丛赤壳属(*Neonectria* sp.)、节菱孢属(*Arthrinium* sp.)和鬼伞属(*Coprinellus* sp.)(表2-2)。

表2-2 木豆内生真菌的种类和数量分布

内生真菌属名	内生真菌的数量					
	根		茎		叶	
	夏季	秋季	夏季	秋季	夏季	秋季
丛赤壳属	0	2	0	0	0	3
肉座菌属	5	0	0	2	2	0
毛壳菌属	0	0	5	0	4	2
曲霉属	4	0	2	1	3	2
漆斑菌属	3	0	4	0	0	2
刺盘孢属	3	0	1	3	5	5
链格孢属	10	4	5	2	11	0
突脐蠕孢属	0	3	6	2	0	2
平脐蠕孢属	0	1	0	0	1	2
黑孢霉属	0	2	2	0	3	1
生赤壳属	0	2	0	3	4	0
镰刀菌属	12	7	2	3	5	2
节菱孢属	1	0	2	1	4	1
青霉属	0	0	3	0	4	1
鬼伞属	1	0	2	0	0	0
总数	39	21	34	17	46	23

从表2-3可以看出，从木豆中分离所得的内生真菌主要来自根、茎、叶，而从种子和豆荚中分离出来的内生真菌很少。从根部分离出的60株内生真菌，形态学鉴定属于13个属，镰刀菌属是根部的优势种群；茎部分离出的51株内生真菌属于13个属，突脐蠕孢属是茎部的优势种群；叶部分离出的69株内生真菌属于14个属，链格孢属是叶部的优势种群。

表2-3 木豆不同组织部位分离出各菌属的频率（%）

主要菌属	根	茎	叶
镰刀菌属	31.67	9.80	10.14
链格孢属	23.33	13.73	15.94
毛壳菌属	0	9.80	8.70
刺盘孢属	5.00	7.84	14.92
突脐蠕孢属	5.00	15.69	2.90
曲霉属	6.67	5.88	7.25

木豆内生真菌随着季节的不同也有显著差异，在夏季和秋季两个季节分离到的木豆内生真菌的种类和数量就明显不同（图2-1）。在夏季，木豆根、茎、叶中分离出来的内生真菌要比秋季多，而豆荚和种子中分离出来的内生真菌则是秋季比夏季多。分析其原因可能是由于木豆本身生长在热带或亚热带地区，在温暖湿润的环境中比较适合木豆植物的生长。而东北林业大学森林植物生态学教育部重点实验室植物园地处黑龙江省哈尔滨市，属于寒温带气候，夏季的环境更利于木豆的生长，因此体内内生真菌种类和数量都比较丰富，分离频率高；而到了秋季，气温急剧下降，主体组织部位不能适应环境急剧的变化，导致体内菌群种类和数量较少。豆荚和种子则不同，秋季是种子成熟和收获的季节，是体内营养物质最为充足的时候，为内生真菌的分离提供了便利的条件，导致豆荚和种子中的分离频率是秋季高于夏季。

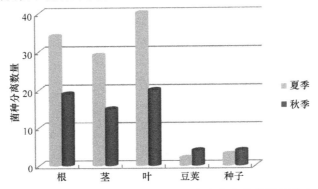

图2-1　不同季节对木豆不同组织部位内生真菌数量的影响

在分离木豆内生真菌的过程中一定要注意保证整个操作环节的无菌性，确保不会因为环境的影响导致内生真菌与杂菌区分不出来而误把杂菌当作内生真菌纯化出来。理论上，在新鲜的木豆植株采摘之后的3h内应该对其组织内部的内生真菌进行分离，并且注意操作环境的无菌性及次氯酸钠的消毒时间。在对木豆内生真菌的分离上，次氯酸钠的表面消毒时间也是一个至关重要的因素，消毒时间过长会导致组织表面溃烂，因而得不到全部的内生真菌，消毒时间过短，表面消毒不彻底会造成杂菌对内生真菌的干扰。因此，在分离过程中一定要严格谨慎，做到纯化出来的真菌都是木豆内生真菌。

植物内生真菌的分离目前大多数还是采用植物组织分离法，这种方法具有操作简单、实验仪器及实验试剂比较常规、方法较易实现等优点。但是这种方法也有一定的弊端，那就是分离时间比较长，在人工PDA培养基中有些真菌是不容易生长的，这就造成了菌种分离的局限性，并不能将植物组织内部的内生真菌全部分离出来。然而，受制于多方面因素，目前植物组织分离法仍然是内生真菌分离所采用的主要方法。

参考文献

高原. 2012. 特异性木豆内生真菌发酵生产木豆芪酸工艺及其抗氧化机制研究. 东北林业大学博士学位论文.

魏景超. 1979. 真菌鉴定手册. 上海: 上海科学技术出版社: 9.

赵晋彤. 2014. 特异性产黄柄曲霉素木豆内生真菌的筛选、发酵生产工艺及其抑制大豆根腐病的活性研究. 东北林业大学博士学位论文.

Felsenstein J. 1985. Confidence limits on phylogenies: An approach using the bootstrap. Evolution, 39: 783-791.

Saitou N, Nei M. 1987. The neighbor-joining method: A new method for reconstructing phylogenetic trees. Mol Biol Evol, 4: 406-425.

Tamura K, Dudley J, Nei M, et al. 2007. MEGA 4: Molecular evolutionary genetics analysis (MEGA) software version 4.0. Mol Biol Evol, 24: 1596-1599.

White TJ, Bruns L, Lee S, et al. 1990. Amplification and direct sequencing of fungal ribosomal RNA genes for phylogenetics. Chapter 38. In: Innis M, Gelfand D, Sninsky J, et al. PCR Protocols: A Guide to Methods and Applications. Orlando: Academic Press: 315-322.

第3章 特异性木豆内生真菌发酵生产木豆功能活性成分

经过多年研究，有关木豆化学成分及其药理活性的研究已经趋于成熟，并且从木豆中分离获得的活性成分在抗肿瘤、抗炎、抗病毒、抗氧化及抗菌等方面都具有非常重要的作用。常见的化学成分如木豆芪酸（cajaninstilbene acid，CSA）、cajanol（见1.2.3节）。

内生真菌次生代谢产物可以通过发酵法获得，最后通过分离提取等步骤将发酵产物中的有效活性成分分离出来，整个过程的工业化就使得一些活性成分更容易获得，不受时空、气候、资源等的限制，以此来创造更大的经济效益和生态效益。木豆是一种一年生或多年生药食同源的木本植物，在药用、食用、观赏等诸多方面已经有非常显著的价值。多年来，蔬菜、瓜果等农作物受到多种植物病害的侵袭，造成产量下降、农副产品质量降低等问题，杀菌效果好的化学杀菌剂有农药残留，对人类健康及环境都是不利的。如果能够从木豆中分离获得能够产生cajanol、CSA等活性成分的内生真菌，必将为植物病害的生物防治带来更多的路径和方法。

3.1 特异性产木豆活性成分内生真菌的筛选及鉴定过程

3.1.1 特异性产cajanol木豆内生真菌的筛选

木豆内生真菌接种到PDB培养基发酵培养后，发酵液用4层纱布过滤，之后采用与发酵液等体积的乙酸乙酯进行萃取，重复3次，合并3次萃取液，在40℃条件下减压浓缩，去除乙酸乙酯后溶于色谱甲醇中并用0.22μm微孔滤膜过滤备用。过滤后的滤液采用高效液相色谱法（HPLC）、质谱法（MS）及液相色谱-串联质谱法（LC-MS/MS）进行化合物的检测。

通过预试验确定了利用LC-MS/MS测定木豆内生真菌产cajanol的色谱-质谱条件：色谱条件：Agilent 1100LC二元泵；HIQ SIL C18柱，5μm，250mm×4.6mm；流动相：水（水中加入0.1%的甲酸）（A）-甲醇（B）；梯度洗脱程序如下：0~6min，47%（A）；6~10min，47%~9%（A）；10~25min，9%（A）；25~30min，9%~47%（A）；30~40min，47%（A）；流速：1.0mL/min；进样量：10μL。

质谱条件：离子源（ion source）：涡轮喷雾（turbo spray）：（ESI，极性：负极；离子喷雾电压（ionspray voltage）：-4500V；cajanol的检测条件为：去簇电

压（declustering potential）：-46V；碰撞能（collision energy）：-21V；入口电压（entrance potential）：-10V；碰撞池出口电压（collision exit potential）：-9V；离子检测模式运用多重反应监控（MRM）进行，cajanol的离子转型是由前期离子 m/z 315.1转化为$[M-H]^-$ m/z 178.9。

3.1.2 特异性产CSA木豆内生真菌的筛选

1. 木豆内生真菌液体培养

将纯化的菌种活化后，接种于土豆马铃薯液体培养基中，摇床培养2周后，将发酵培养液经乙酸乙酯萃取后，用旋转蒸发仪旋干备用。

2. 抗氧化初筛木豆内生真菌

采用2,2-二苯基-1-苦肼基（DPPH）自由基法（Sokmen et al., 2005），筛选具有抗氧化活性的木豆内生真菌。将100μL终浓度为1mg/mL、5mg/mL、10mg/mL、50mg/mL及100mg/mL的待测样品溶于1.4mL无水乙醇中，然后加入1mL 0.004% DPPH溶液。迅速混匀后立即放置在紫外分光光度计并在517nm下检测吸光度的变化，检测时间约为70min直至样品稳定。无水乙醇作为空白对照，样品的清除自由基能力可以通过DPPH的抑制百分率来表示，见式（3-1）：

$$抑制率（IP）=[(AB-AA)/AB]\times 100\% \tag{3-1}$$

式中，AB和AA分别是70min后空白样品和检测样品在517nm下的吸光值。

3. LC-MS/MS检测特异性产CSA的木豆内生真菌

将培养成熟的液体培养基以4层纱布过滤，滤液于等体积的乙酸乙酯溶液中萃取3次，合并萃取液45℃浓缩至干粉，溶于色谱甲醇，0.22μm微孔滤膜过滤，进行HPLC、MS及LC-MS/MS检测。

经试验确定了LC-MS/MS测定木豆内生真菌产木豆芪酸的色谱-质谱条件：色谱条件：Agilent 1100LC二元泵；HIQ SIL C18柱，250mm×4.6mm；流动相：甲醇：水（91:9, V/V）及1%的甲酸；流速：1.0mL/min；进样量：10μL。

质谱条件：离子源：涡轮喷雾（ESI，极性：负极）；离子喷雾电压：-4500V；木豆芪酸的检测条件为：去簇电压：-60V；碰撞能：-25V；入口电压：-10V；碰撞池出口电压：-5V；运用多重反应监控的模式对离子进行检测，木豆芪酸的离子转型是由前期离子 m/z 337.1转化为$[M-H]^-$ m/z 293.0。

3.1.3 特异性产木豆活性成分内生真菌的鉴定

同第2章2.2节。

3.2 特异性产木豆活性成分内生真菌的发酵工艺优化设计

3.2.1 种子培养

将内生真菌斜面培养基在新的PDA培养基上活化之后，取3个大小约为5mm×5mm的木豆内生真菌菌丝块接种于装有50mL种子培养基的100mL的无菌三角瓶中，在28℃、120r/min条件下连续培养3天。

3.2.2 发酵培养

培养好的种子培养液需要经过振荡混匀，按照一定的比例接种于5种不同的发酵培养基（YPG、Czapek's、PDB、CMB、MEB）当中，在28℃、120r/min条件下连续培养12天。

3.2.3 活性成分的提取方法

将培养了12天的木豆内生真菌发酵液在4500r/min条件下离心30min，取上清液，余下的菌丝体超声匀浆30min，使得其中的代谢产物能够充分释放，重复离心，取上清液；将两次上清液混合，并用双层滤纸过滤。得到的滤液用等体积的乙酸乙酯充分萃取，重复3次，合并3次萃取液，在40℃条件下蒸干，加入色谱甲醇溶解之后，12 000r/min离心10min，最后用0.22μm微孔滤膜过滤后备用检测。

3.2.4 活性成分的定量方法

1. cajanol定量方法

采用液相色谱-质谱联用法（LC-MS/MS），用cajanol标准品作对照。色谱条件：Agilent 1100LC二元泵；HIQ SIL C18柱，5μm，250mm×4.6mm；流动相：水（水中加入0.1%的甲酸）（A）-甲醇（B）；梯度洗脱程序如下：0~6min，47%（A）；6~10min，47%~9%（A）；10~25min，9%（A）；25~30min，9%~47%（A）；30~40min，47%（A）；流速：1.0mL/min；进样量：10μL。

质谱条件：离子源：涡轮喷雾（ESI，极性：负极）；离子喷雾电压：-4500V；cajanol的检测条件为：去簇电压：-46V；碰撞能：-21V；入口电压：-10V；碰撞池出口电压：-9V；离子检测模式运用多重反应监控进行，cajanol的离子转型是由前期离子m/z 315.1转化为$[M-H]^-$ m/z 178.9。

生物量的测定：取离心后的菌体沉淀，用蒸馏水冲洗2次，置于50℃烘箱烘干至恒重并称量其质量。

2. CSA定量方法

采用LC-MS/MS法定量检测。

色谱条件:Agilent 1100LC二元泵;HIQ SIL C18柱,250mm×4.6mm;流动相:甲醇:水(91:9,V/V)及1%的甲酸;流速:1.0mL/min;进样量:10μL,用木豆芪酸标准品作对照。

生物量的测定:发酵培养液经过离心后,取菌丝体沉淀并用无菌蒸馏水洗涤2次,置于50℃烘箱烘干至恒重,称量菌丝体质量。

3.2.5 内生真菌的发酵条件单因素优化

内生真菌发酵条件单因素主要包括不同的培养基(YPG、Czapek's、PDB、CMB、MEB),添加2%的不同碳源(葡萄糖、果糖、蔗糖、乳糖、麦芽糖),1%的不同氮源[蛋白胨、酵母膏、牛肉膏、$(NH_4)_2SO_4$、NH_4Cl],考察完培养基的组分后,确定最佳发酵条件,包括不同的培养时间、不同的培养温度及不同的培养基初始pH。通过这些单因素的比较来确定最佳发酵条件,使活性成分的产量达到最大。

3.2.6 中心组合设计与响应面优化活性成分的产量

1. 中心组合设计与响应面优化cajanol产量

通过上述实验确定了最佳单因素条件,发现显著影响木豆内生真菌R-18生产cajanol的能力的因素分别是培养时间、培养温度及培养基初始pH。因此,选取了3因素5水平的中心组合设计及响应面优化实验对其发酵条件进行进一步优化,使得cajanol产量可以达到最大值(表3-1)。

表3-1 中心组合设计因素和水平表

因素	水平				
	-1.68	-1	0	1	1.68
时间(天)	2.64	4	6	8	9.36
温度(℃)	24.64	26	28	30	31.34
pH	4.32	5	6	7	7.68

2. 中心组合设计与响应面优化发酵液中CSA的产量

根据单因素实验可以看出,在优化发酵木豆内生真菌生产CSA过程中,所用时间、温度、pH 3个因素对CSA产量有着显著的影响。因此,选用3因素5水平的中心组合设计并结合响应面优化对实验进行进一步优化,来考察这3个因素不同水平下的组合对CSA产量的影响,见表3-2。

表3-2 中心组合实验因素与水平表

因素	水平				
	-1.68	-1	0	1	1.68
时间（天）	3.32	4	5	6	6.68
温度（℃）	24.95	27	30	33	35.05
pH	5.32	6	7	8	8.68

3.3 特异性产木豆活性成分内生真菌发酵产物的分离纯化设计

3.3.1 内生真菌的发酵培养及CSA粗提物的制备

从新鲜的PDA斜面上取5mm×5mm大小的内生真菌菌丝块接种至装有50mL种子培养基的250mL三角瓶中，于28℃、180r/min摇床上培养2天。内生真菌种子培养液经过振荡摇匀后按一定的比例接种到发酵培养基中，于28℃、120r/min摇床培养5天。

内生真菌发酵培养液经4500r/min离心30min，收集上层清液；所得菌体沉淀以超声匀浆30min，使代谢产物能够充分释放，再以4500r/min离心30min；将2次上层清液合并，使用双层滤纸过滤，滤液50℃旋转蒸发浓缩至原体积的1/3左右，加入等体积乙酸乙酯充分振荡进行萃取，一共萃取3次，合并有机相，50℃旋转蒸发至干粉状，样品备用。

3.3.2 中压正相柱层析分离纯化木豆芪酸

1. 中压正相柱层析中硅胶的预处理与硅胶柱的制备

柱层析分离，也叫柱色谱，是天然产物分离提纯常用的方法，在医药卫生、石油化工、环境保护等领域应用广泛。硅胶是一种最通用的分离基质，由于木豆内生真菌化学成分十分复杂，其中许多化合物的结构相似，极性差别很小，如果仅通过常规的絮凝、液液萃取或大孔树脂富集等方法很难分离获得单一的化合物。因此，本研究拟采用正相、反相中压硅胶柱层析法进行CSA的纯化。

取一定量的柱层析硅胶300～400目于干燥箱中120℃下恒温活化5h后冷却至室温，层析柱采用湿法填充。取硅胶，加入石油醚拌匀制成稀释液，缓慢装入不锈钢中压层析柱，并不断敲打层析柱来排除气泡，从而使硅胶自然沉降。层析用硅胶填充至留有少量空间供上样，密封后用管道与柱塞泵连接，用石油醚平衡层析柱。

2. 中压正相柱层析中样品的制备与上样

取木豆内生真菌K4乙酸乙酯粗提物用少量三氯甲烷-甲醇溶解，并加入适量的硅胶,在加热状态下将其拌成干粉状,然后缓慢加入层析柱中,使拌好的样品粉末在硅胶柱表面形成均匀的薄层。

3. 中压正相柱层析中样品的洗脱

首先用10BV石油醚开始洗脱,再用10BV三氯甲烷:石油醚=10～15:1(*V*/*V*)洗脱,仔细观察层析柱,待橘红色色带和6个浅黄色色带流出后,开始收集洗脱液,并用薄层层析(TLC)进行定性检测。将TLC检测得到含有较高含量目标成分的目标成分含量较高的流分合并,减压浓缩至一定体积,有白色晶体析出,即目标化合物木豆芪酸粗品。

4. 薄层层析定性检测

检测条件:活化后的硅胶GF254薄层板,木豆芪酸的展开剂均为三氯甲烷:甲醇(10:1,*V*/*V*)。

检测方法:取适量对照品及由柱层析得到的各洗脱液点于同一硅胶薄层板上,在展开剂体系下上行展开,取出晾干后,用紫外分析仪检测。

3.3.3 中压反相柱层析分离纯化木豆芪酸

1. 中压反相柱层析中硅胶的预处理与硅胶柱的制备

取反相填料ODS(C18)置于烧杯中,加入微孔滤膜滤过甲醇,并搅拌均匀,溶胀24h后,缓慢地灌入层析柱中,并不断敲打层析柱排除气泡,从而使硅胶自然沉降;填充至留有少量空间供上样,密封后用管道与柱塞泵连接,走3～4个柱体积的滤过甲醇,得到充分密实的反相硅胶柱。然后采用梯度洗脱的方法将层析柱平衡到上样所需的初始洗脱梯度。

2. 中压反相柱层析中样品的制备与上样

取经过一次正相柱层析木豆芪酸粗品,用少量70%甲醇溶解,过滤后,湿法上样,进行连续中压反相柱层析。

3. 中压反相柱层析中样品的洗脱

首先用70%甲醇开始洗脱,再用甲醇:水:甲酸=76.5:23.2:0.3等度洗脱,收集洗脱液,用HPLC进行定性检测。将HPLC检测得到的目标成分含量较高的流分合并,减压浓缩。

3.3.4 结构鉴定

首先,通过理化性质和TLC、HPLC进行鉴定。通过理化性质和TLC确定其化合物类别,以及在既定流动相体系下的迁移率(R_f);通过反相高效液相色谱-二极管阵列检测器（RP-HPLC-PAD）来确定化合物的紫外光谱和保留时间（t_R）；然而，这些数据并不是完全绝对的，如R_f值、t_R值等都是仪器设备性依存的，作为产品的标准参数用来定性化合物缺乏一定的可信度。所以，应采用电喷雾离子化和质谱质谱联用（ESI-MS-MS）与核磁共振氢谱（^{1}H-NMR）、核磁共振碳谱（^{13}C-NMR）才能对所得产品进行严格的结构确认。

3.4 特异性产木豆活性成分内生真菌发酵产物的活性评估

3.4.1 特异性产cajanol内生真菌发酵产物的活性评估

1. 产cajanol木豆内生真菌抗植物病原菌初筛

本研究参照孙冬梅等（2005）的方法，分别对三株特异性产cajanol的木豆内生真菌进行抗植物病原菌活性的初步筛选，主要步骤为：在直径为90mm的平板上铺好PDA培养基，在相距50mm的距离上分别摆放木豆内生真菌和植物病原菌菌丝块对峙培养，菌丝块的直径为5mm。培养条件是28℃，培养时间以病原菌菌丝体长满整个平板为宜，将单独培养的致病菌作为对照，记录内生真菌对植物病原菌病原生长的抑制率。等到两菌落接触并占满整个平皿时测定内生真菌占据平皿的比例，采用拮抗指数评价拮抗作用强度。每组3次重复。

依据曾华兰等（2003）的拮抗指数分级标准：1级，内生真菌菌丝占据平皿100%；2级，内生真菌菌丝占据平皿＞2/3；3级，2/3＞内生真菌菌丝占据平皿＞1/3；4级，内生真菌菌丝占据平皿＜1/3；5级，致病菌菌丝占据平皿100%。

抑制率（%）= (单独培养菌落生长半径–处理菌落生长半径)×100%/单独培养菌落生长半径

2. 产cajanol木豆内生真菌抗植物病原菌复筛

采用牛津杯法测定真菌源cajanol对大豆根腐病菌、番茄灰霉病菌、辣椒疫霉菌、小稻纹枯病菌、黄瓜枯萎病菌和瓜果腐霉菌菌丝生长的影响。将这些致病菌在PDB液体培养基中培养1天，过滤除去菌丝，采用无菌水将致病菌的孢子悬浮液浓度调为$1×10^5$cfu/mL。取致病菌的孢子悬浮液1mL加入10mL、50℃的PDA培养基中，充分混匀。在事先铺好的琼脂培养基上均匀摆放4个牛津杯（外径8.0mm，内径6.0mm，高度10.0mm），将混合均匀的致病菌孢子悬浮液的PDA倒入，静置，凝固。分别向每个牛津杯的孔中加入100μL 含有cajanol的乙酸乙酯粗提物溶液（2.5mg/mL、5mg/mL、10mg/mL），3组平行，设空白对照。在28℃条件下培养24h，观察并测量抑菌圈大小。

3. 内生真菌粗提物盆栽防治效果测定

1）致病菌的培养

将100g高粱粒放入250mL的三角瓶中，加水浸泡12h，去掉水分，高温高压灭菌。在每个三角瓶中接种5mm被活化的致病菌5块，在28℃条件下培养5天，制成干粉备用。

2）土壤准备

土壤取自东北林业大学植物园，并且经过2次高温高压灭菌（121℃），灭菌时间是2h，相隔1天处理。

3）盆栽试验

将10g致病菌粉剂和250g已灭菌土壤充分混合后，放入培养钵中（外直径6.5cm，高8cm）。将经过表面消毒的农作物种子播种于培养钵中，每个培养钵中播种10粒种子，每组处理3个培养钵。进行灌根处理，乙酸乙酯粗提物的浓度为2mg/mL、4mg/mL、6mg/mL、8mg/mL、10mg/mL，以多菌灵作为阳性对照，以清水作为空白对照，每组用药量20mL，于温室中培养（昼夜温度28℃/15℃，光照时间14h，相对湿度75%以上）。每隔3天对其进行灌根处理，3次重复。考察培养了15天后各实验组及对照组的发病情况，计算防治效果。大豆根腐病分级标准及防治效果参照郭永霞等（2006），黄瓜枯萎病分级标准及防治效果参照段广荣等（2010）。

3.4.2 特异性产CSA内生真菌发酵产物的活性评估

1. 抗氧化活性评价

1）DPPH自由基清楚活性检测

将100μL终浓度为0.05mg/mL、0.1mg/mL、0.5mg/mL、1mg/mL、5mg/mL、10mg/mL的待测样品溶于1.4mL无水乙醇中，然后加入1mL 0.004% DPPH溶液。迅速混匀后立即放置在紫外分光光度计并在517nm下检测吸光度的变化，检测时间约为70min直至样品稳定。无水乙醇作为空白对照，样品的清除自由基能力可以通过DPPH的抑制百分率来表示，见式（3-1）。

2）β-胡萝卜素漂白活性检测

取10mg β-胡萝卜素溶解在10mL氯仿中，充分混匀，取出0.2mL加入20mg亚麻油酸，200mg吐温40，在30℃水浴5min，加入50mL蒸馏水，慢慢搅拌形成乳浊液。取5mL乳浊液与0.2mL不同浓度（0.1μg/mL、0.5μg/mL、1μg/mL、5μg/mL、10μg/mL）的待测样品混匀，470nm下测定吸光值（Gullcin，2006）。对照样品不加β-胡萝卜素

与乳浊液,在50℃水浴,混合液体中含有20μL去离子水,在紫外分光光度计下监测60min,见式(3-2):

$$AA = 100(DRC-DRS)/DRC \tag{3-2}$$

式中,AA为抗氧化能力;DRC = ln(a/b)/60,为对照样品的降解速率;DRS=ln(a/b)/60,为检测样品的降解速率;a为初始吸光值;b为60min后吸光值。

3)还原能力检测

取500μL终浓度为0.5mg/mL、1mg/mL、5mg/mL、10mg/mL及50mg/mL的待测样品,分别加入500μL浓度为0.2mol/L的磷酸盐缓冲液(PBS)(pH=6.6)、500μL浓度为1%的铁氰化钾,在50℃水浴20min后,冰浴冷却至室温。加入500μL浓度为10%的三氯乙酸,3000r/min离心10min,取上清液500μL,分别加入500μL的蒸馏水和100μL 0.1%的氯化铁,室温下混合均匀静置10min后,在700nm处测定吸光值(Wang et al., 2009)。

4)脂质过氧化活性检测

将100μL 0.5mmol/L的硫酸亚铁溶液与PBS磷酸缓冲液与及肝脏组织匀浆在37℃孵育2h,肝脏切片与100μL 0.5mmol/L的硫酸亚铁溶液混合,将不同浓度的待测样品(1mg/mL、5mg/mL、10mg/mL、50mg/mL及100mg/mL)溶解在去离子水中,作用2h后将肝脏匀浆在800g下离心,上清用来进行试验检测(Sharma et al., 1995)。对照组不加待测样品。脂质过氧化抑制率通过式(3-3)计算,AB_{532}为532nm下的吸光值:

$$抑制率=[1-(AB_{532}样品/AB_{532}对照)]×100\% \tag{3-3}$$

5)DNA损伤保护活性检测

DNA损伤保护实验主要通过超螺旋pBR322 DNA来完成,10μL待测样品与质粒DNA(0.5μg)混合,加入10μL的Fenton试剂(30mmol/L H_2O_2、50μmol/L抗坏血酸、80μmol/L氯化亚铁),反应总体积补足为20μL,在37℃下作用30min(Mosmann,1983)。DNA通过1%琼脂糖凝胶电泳进行检测。

2. 氧化还原酶系的活性影响

1)细胞的复苏

(1)将在冻存的细胞株从液氮罐中取出,迅速置于37℃的水浴中,反复摇动,将冻存管中的物质全部溶解,放置于超净工作台中。

(2)首先使用75%乙醇将冻存管的管口擦净,小心开盖,用1000μL微量移液器吸净管中液体,转移至15mL离心管中。

（3）补充10mL的细胞培养液，1500r/min离心5min，弃上清。

（4）重复步骤（3）。

（5）将10%胎牛血清细胞培养液加入离心管中，吹打混匀后转移至细胞培养瓶中，在37℃、5% CO_2孵化培养箱中培养过夜。

（6）次日更换培养液后继续培养。

2）细胞的培养与传代

（1）每日通过倒置显微镜检查细胞生长情况，如果发现污染或细胞碎裂，丢弃。

（2）肉眼观察培养液颜色，如果发现培养液由红色转为黄色，则说明细胞密度过大，需要及时更换培养液。

（3）胰酶消化后，需加入10mL 10%培养液并在超净工作台中用吸管将细胞吹打混匀，平均分装为2瓶。

（4）将传代后的细胞重新放回37℃、5% CO_2孵箱中培养。

3）使用二辛可宁酸（bicinchonininc acid，BCA）法测定裂解后的蛋白样品浓度

（1）按照50体积BCA试剂A加1体积BCA试剂B（50∶1）配制适量BCA工作液，将其充分混匀。

（2）配制蛋白标准液：5mg/mL。

（3）将10μL的蛋白标准液用0.9% NaCl稀释至100μL，使其终浓度为0.5mg/mL。将标准品按0、1μL、2μL、4μL、8μL、12μL、16μL、20μL加入96孔板的标准品孔中，用0.9% NaCl溶液补足至20μL。

（4）将适当体积的样品加入96孔板的样品孔中，加入0.9% NaCl溶液至20μL。

（5）将200mL BCA工作液加入样品孔中，37℃放置30min，也可室温放置2h，或60℃放置30min。采用BCA法测定蛋白质浓度时，吸光度会随着时间的延长不断增大。并且显色反应会因温度升高而加快。如果浓度较低，适合在较高温度孵育，或延长孵育时间。

（6）在A_{562nm}（540~595nm的波长也可接受）下进行结果检测。根据标准曲线计算出蛋白质浓度。

4）黄嘌呤氧化酶（XOD）测定实验

（1）样品前处理。

HepG2细胞通过PBS洗涤2次，细胞裂解液作用后3000~3500r/min离心10min，小心吸取上清进行检测。

（2）操作步骤。

试剂	空白管B	测定管U
蒸馏水	50μL	
样本		50μL
试剂一	1mL	1mL
试剂二	0.05mL	0.05mL
试剂三	0.2mL	0.2mL
试剂四	0.02mL	0.02mL
混匀，37℃水浴20min		
终止液	1mL	1mL

混匀，530nm波长，1cm光径，蒸馏水调零，测各管吸光度值。

（3）计算公式。

定义：每克细胞蛋白在37℃每分钟转化1μmol的底物所需的酶量为一个酶活力单位，见式（3-4）。

$$\text{细胞中的XOD活性（U/gprot）} = [(OD_U - OD_B)/(12.6 \times 10^3)] \times N \times (1/ct)/C_{prot} \quad (3\text{-}4)$$

式中，OD_U为测定管吸光度值；OD_B为空白管吸光度值；N为反应体系稀释倍数；c为比色光径；t为反应时间；C_{prot}为待测样品的蛋白质浓度（gprot/L）。

5）谷胱甘肽还原酶（GR）测定实验

（1）样品前处理。

HepG2细胞通过PBS洗涤2次，细胞裂解液作用后3000～3500r/min离心10min，小心吸取上清进行检测。

（2）操作步骤。

每次取一支试管加入混合试剂（试剂一：试剂二：试剂三=2300：60：30）2.4mL，再加入50μL待测样品，加样同时开始计时，迅速混匀后倒入预温的石英比色杯皿中，340nm处比色，记录30s时的吸光值A_1值。比色后迅速将比色皿连同反应液一起放入37℃水浴，准确反应2min。迅速取出比色皿并擦干，340nm处比色，记录反应2分30秒时的吸光度A_2值。

（3）计算公式。

定义：每克细胞蛋白每分钟使反应体系中底物NADPH浓度改变1mmol/L所需的酶量为一个酶活力单位，见式（3-5）。

$$\text{细胞中GR的活力（U/gprot）} = [(A_1 - A_2)/6.22 \times c]/t \times [1/(\text{取样量} \times C_{prot})] \times N \quad (3\text{-}5)$$

式中，N为反应体系稀释倍数；c为比色光径；t为反应时间；C_{prot}为待测样品的蛋白质浓度（gprot/mL）。

6）总超氧化物歧化酶（SOD）测定实验

（1）样品前处理。

HepG2细胞通过PBS洗涤2次，细胞裂解液作用后3000～3500r/min离心10min，小心吸取上清进行检测

（2）操作步骤。

试剂	测定管U	空白管B
样品	50μL	
蒸馏水		50μL
试剂一	1.0mL	1.0mL
试剂二	0.1mL	0.1mL
试剂三	0.1mL	0.1mL
试剂四	0.1mL	0.1mL
用漩涡混匀器充分混匀，置37℃恒温水浴40min		
终止液	2mL	2mL

混匀，室温放置10min，于波长550nm处，1cm光径比色杯，蒸馏水调零，比色。

（3）计算公式。

定义：每毫克细胞蛋白在1mL细胞培养液SOD抑制率达50%时所对应的SOD量为一个SOD活力单位，见式（3-6）。

$$总SOD活力（U/mgprot）=[(OD_B-OD_U)/OD_B]\div 50\% \times (V/G) \div N \quad (3-6)$$

式中，OD_U为测定管吸光度值；OD_B为空白管吸光度值；V为反应液总体积；G为取样量；N为待测样本蛋白质浓度（mgprot/mL）。

3.5 结果与讨论

3.5.1 特异性产木豆活性成分内生真菌的筛选及鉴定

1. 特异性产cajanol木豆内生真菌的筛选及鉴定

1）特异性产cajanol的木豆内生真菌菌株的筛选

通过LC-MS/MS定量捕捉cajanol的方法，从所分离获得的内生真菌中筛选得到3株能够特异性产生cajanol的内生真菌（表3-3），分别是R-18、R-30和R-38。

表3-3　特异性产cajanol的木豆内生真菌

编号	菌属	cajanol量	
		培养液（μg/L）	菌丝体（μg/g）
R-18	*Hypocrea* sp.	322.4±10.6	102.8±6.9
R-30	*Hypocrea* sp.	282.3±5.7	82.3±12.2
R-38	*Hypocrea* sp.	165.5±8.2	70.5±10.2

筛选到的这3株特异性产cajanol的木豆内生真菌从形态学上鉴定为肉座菌属，在3株菌的发酵液和菌丝体中均检测到了cajanol的存在。由于发酵液中的cajanol产量高于菌丝体中积累的cajanol产量，因此，将发酵液作为下一步研究对象，考察不同发酵条件下cajanol产量变化，并优化发酵条件达到产量的最大化。

从MS和MS/MS质谱图中可以看出，3株特异性产cajanol的木豆内生真菌发酵液提取物中目标化合物的碎片与标准品一致（图3-1）。

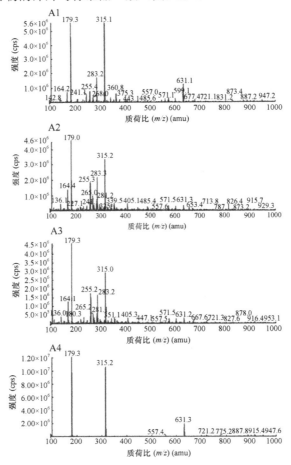

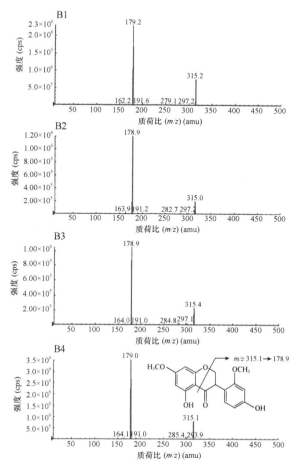

图3-1 特异性产cajanol的木豆内生真菌发酵产物乙酸乙酯提取物的一级质谱和二级质谱图

A. 一级质谱图：A1是R-18，A2是R-30，A3是R-38，A4是标准品；B. 二级质谱图：B1是R-18，B2是R-30，B3是R-38，B4是标准品。一级分子量标准是315.1，二级分子碎片分子量是178.9

2）特异性产cajanol的木豆内生真菌菌株的鉴定

3株特异性产cajanol的木豆内生真菌都是从木豆根部分离出来的，这3株菌具有相似的菌落形态特征和孢子形态特征，如图3-2A～C所示。这3株特异性产cajanol的木豆内生真菌生长速度较快，接种7天后能迅速长满直径90mm的平板。生长之初，这些内生真菌菌落呈白色绒毛状，之后慢慢长出青色小颗粒，背面呈黄褐色，菌落质地较疏松，外观干燥不透明。挑取菌体孢子在乳酸石炭酸棉蓝染色液下染色观察，如图3-2a～c所示，在显微镜下观察到这些内生真菌的孢子为圆形或椭圆形，散生或聚生，大小为（130～150）μm×（100～140）μm。根据上述菌落形态特征和孢子形态特征，初步判断3株内生真菌与肉座菌属真菌相似。

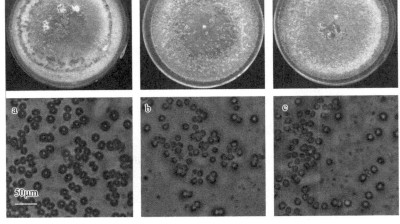

图3-2　特异性产cajanol内生真菌的PDA培养基菌落形态（A～C）和孢子形态（a～c）
（彩图请扫封底二维码）

近年来，随着分子生物学、生物信息学和分子遗传学的飞速发展，关于内生真菌种群的分类研究也进入了一个新的发展阶段，由传统的形态学鉴定向分子生物学鉴定方法转变。因为随着研究的深入，越来越多的真菌开始被人们发现并为人们所用，真菌类群的多样性使得单纯靠传统的形态学鉴定方法已经不能对内生真菌进行准确的定位。因此，分子生物学与传统的形态学鉴定联合使用已经成为目前鉴定内生真菌菌群分类地位、种属关系的常用手段。聚合酶链反应（polymerase chain reaction，PCR）是一种在体外条件下能够合成特异DNA片段的核酸合成技术，主要由变形、退火、延伸等步骤组合成一个周期，这样的周期循环往复进行，可以达到使目的DNA片段迅速扩增的效果，具有操作简便、灵敏度高、特异性强及省时等诸多优势。并且这种方法被广泛应用于药理研究、疾病诊断、基因克隆、基因分离和DNA序列分析等领域（Lakeman and Whitley，1995）。基于PCR技术之上的新型技术现在也被广泛应用于内生真菌的种群分类鉴定及种属地位分析（Jãnos et al.，2000），并且由于ITS序列的高突变频率特性，目前已被各国学者认为这是一种确定生物类群种间水平的很好的指标（Anderson and Cairney，2004）。

在上述形态学鉴定的基础上，本研究又对3株特异性产cajanol的木豆内生真菌进行了分子生物学鉴定。先对木豆内生真菌基因组DNA进行提取，之后以ITS序列为引物对目的片段DNA进行PCR扩增，最后在浓度为1%的琼脂糖凝胶电泳上进行检测，发现在500bp左右处出现了一条明亮单一的条带，即目的片段DNA（图3-3）。将目的片段按要求回收纯化后，送至生工生物工程（上海）股份有限公司北京分公司进行测序，3株菌的ITS序列信息已提交至GenBank数据库，3株木豆内生真菌R-18、R-30和R-38的ITS rDNA序列的序列号分别为JX244279、JX244281和JX244282。

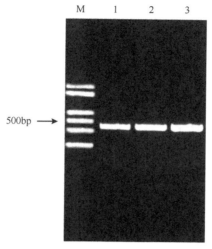

图3-3　特异性产cajanol的木豆内生真菌PCR扩增产物电泳图

M：标准分子量标记；1. R-18；2. R-30；3. R-38

利用MEGA 4.1软件中的BLAST程序与NCBI（http://www.ncbi.nlm.nih.gov/BLAST）中的已知序列进行比对，找到与3株特异性产cajanol的木豆内生真菌同源性较高的菌株进行系统发育树分析，并进行系统发育树构建（图3-4）。结果发现，这3株菌与肉座菌属白腐真菌（*Hypocrea lixii*）的同源性都超过了70%，结合之前的形态学鉴定确定这3株特异性产cajanol的木豆内生真菌为*Hypocrea lixii*。

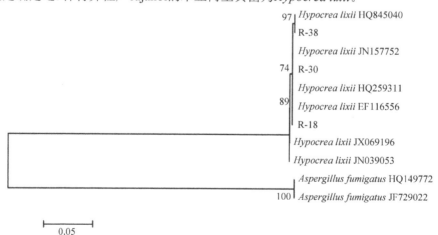

图3-4　特异性产cajanol的木豆内生真菌的系统发育树

2. 特异性产CSA的木豆内生真菌菌株的筛选及鉴定

1）特异性产CSA的木豆内生真菌菌株的筛选

DPPH自由基是一种以氮为中心的非常稳定的人工合成自由基，其甲醇溶液显紫色，在517nm处有最大吸收。当在DPPH自由基溶液中加入自由基清除剂时，孤对电子被配对，DPPH自由基溶液由紫色向黄色变浅，甚至变白，吸光度值变小。根据吸光度变化的程度与自由基被清除的程度呈定量关系，可测得木豆内生真菌粗提物对自由基的清除能力。通过DPPH检测，初步筛选得到如下菌株具有一定的抗氧化活性：L45、L53、R64、R66、L77、L89、L92、K4、K5、K6、K9、K14（表3-4）。

表3-4 具有DPPH自由基清除能力的木豆内生真菌

内生真菌编号	DPPH自由基清除实验（IC_{50}, mg/mL）
L45	0.79±0.10
L53	1.75±0.15[a]
R64	5.22±0.28
R66	7.45±0.62
L77	0.024±0.008
L89	0.018±0.006
L92	0.016±0.004
K4	1.94±0.14
K5	5.82±0.12
K6	2.62±0.08
K9	6.04±0.52
K14	10.09±0.72

注：数据用均值±方差（$n=3$）表示

通过LC-MS/MS定量捕捉CSA的方法，筛选得到K4、K5、K6、K9、K14 5株内生真菌特异性产CSA（图3-5）。从LC-MS/MS图谱中可以看出，5株木豆内生真菌提取物中目标化合物的出峰时间与标准品出峰时间一致。同时选取菌株K4进行ESI-MS

检测（图3-6），结果显示目标化合物与CSA标准品具有相同的分子碎片。通过连续（5天、10天、15天、20天、25天）检测5株木豆内生真菌CSA含量的变化，发现随着时间的延长，CSA的含量均呈下降的趋势（图3-7A）。为了进一步检测CSA的高效合成时间，针对K4菌株，对5天以内的CSA含量变化情况进行了检测，发现CSA在内生真菌培养3～5天时呈迅速上升的趋势，随后逐渐下降（图3-7B）。说明木豆内生真菌中CSA合成在菌体生长代谢的初级阶段，合成迅速，但随着时间的延长，逐渐分解或转化为其他成分。

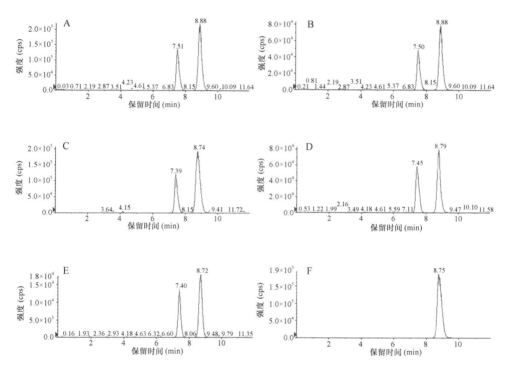

图3-5 特异性产CSA内生真菌的LC-MS/MS图谱

A～E分别是培养K4、K5、K6、K9、K14的图谱；F为CSA标准品

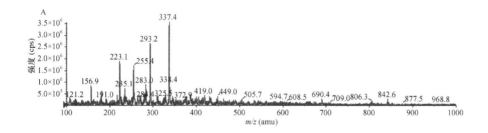

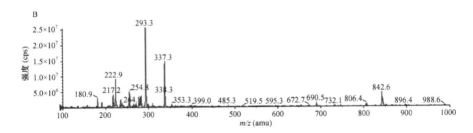

图3-6 特异性产CSA内生真菌的ESI-MS一级质谱图

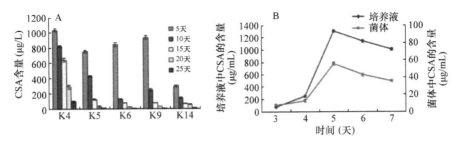

图3-7 木豆内生真菌产CSA含量的变化（彩图请扫封底二维码）

2）特异性产CSA的木豆内生真菌菌株的鉴定

5株产CSA的内生真菌分离自木豆根部，它们具有相似的菌落形态特征及孢子形态特征，在PDA固体培养基上形态如图3-8A1～E1所示。K4、K5菌落呈扁平状，生长2周后菌落直径达到7cm，菌落包含着白色夹杂紫色的气生菌丝，随着时间的延长逐渐变成紫色，并向PDA培养基释放紫色色素。真菌孢子经过乳酸石炭酸棉蓝染色液染色后在光学显微镜下观察如图3-8A2～E2所示，孢子呈椭圆形，分生孢子大小为（30.0～60.8）μm×（7.8～12.0）μm。K9、K14菌落呈扁平状，生长2周后菌落直径约为6.5cm，随着时间的延长，菌落由白色逐渐变为粉色，并且向PDA培养基中释放粉色色素。孢子形态为镰刀状或椭圆形，分生孢子大小为（40.3～80.4）μm×（8.0～13.6）μm。K6菌落呈扁平状，2周内菌落直径达到4.5cm，菌落为白色中心区域偏黄。孢子形态为圆柱形，大小为（23.2～49.2）μm×（6.0～12.8）μm。菌落形态与孢子形态判断5株内生真菌菌与镰刀菌属及丛赤壳属真菌相似。

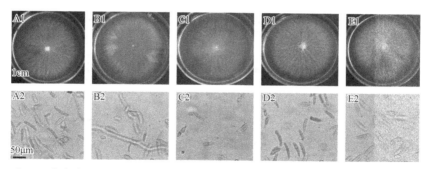

图3-8 产CSA内生真菌的PDA培养基菌落形态（A1~E1代表K4、K5、K6、K9和K14）和光学显微镜下孢子形态（A2~E2代表K4、K5、K6、K9和K14）（彩图请扫封底二维码）

进一步对5株内生真菌进行分子生物学鉴定，经过基因组DNA的提取及PCR扩增得到ITS、β-tubulin序列片段；经过1%琼脂糖凝胶电泳检测，在500~600bp处出现的单一明亮条带即目的片段（图3-9）。目的片段经过回收纯化后送往生工生物工程（上海）股份有限公司进行测序，序列信息已提交至GenBank数据库，其中K4~K14的ITS rDNA序列的序列号分别为JF807393~JF807397，K4~K14的β-tubulin基因的序列的序列号分别为JF807403~JF807407。

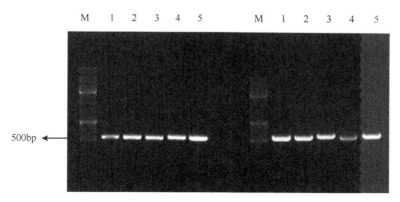

图3-9 特异性产CSA的木豆内生真菌PCR扩增产物凝胶电泳图

通过使用MEGA 4.1软件中的BLAST程序与NCBI中已知序列进行比对（http://www.ncbi.nlm.nih.gov/BLAST），筛选出同源性较高的典型菌株与5株内生真菌进行系统发育分析（表3-5），构建了ITS系统发育树（图3-10）与β-tubulin系统发育树（图3-11）。

表3-5 ITS1-5.8S-IT S2与β-tubulin序列信息及GenBank序列号

真菌分类	来源与作者	序列号
Fusarium sp.	Kofler et al., 2008	EU338986（ITS）
Fusarium sp.	Hong et al., 2015	HM214459（ITS）
Fusarium sp.	Shanmugam et al., 2013	GQ121287（ITS）
Fusarium oxysporum	Yang, 2009	GU371875（ITS）
Fusarium oxysporum	Manici and Caputo, 2009	EF017214（ITS）
Fusarium oxysporum	Shanmugam, 2009	GQ121286（ITS）
Fusarium oxysporum	Shanmugam, 2009	GQ121297（ITS）
Fusarium oxysporum	Shanmugam, 2009	GQ121292（ITS）
Fusarium oxysporum	Cheng et al., 2010	HQ671184（ITS）
Fusarium oxysporum	Lang et al., 2010	HQ451893（ITS）
Neonectria radicicola	Mitter et al., 2010	HQ130662（ITS）
Neonectria radicicola	Oliveira and Nascimento, 2008	AJ875334（ITS）
Neonectria macrodidyma	Liu et al., 2009	GQ169024（ITS）
Neonectria macrodidyma	Oliveira et al., 2006	AM419066（ITS）
Fusarium solani	Sun and Song, 2009	FJ426390（ITS）
Fusarium solani	Lee, 2010	HQ439150（ITS）
Fusarium solani	Mun et al., 2012	HQ439151（ITS）
Fusarium subglutinans	Liu and Wang, 2005	AY898264（ITS）
Fusarium subglutinans	Liu and Wang, 2005	AY898263（ITS）
Fusarium oxysporum	Cigelnik and O'Donnell, 1998	AF008545（β-tubulin）
Fusarium oxysporum	Cigelnik and O'Donnell, 1998	AF008531（β-tubulin）
Fusarium oxysporum	Cigelnik and O'Donnell, 1998	AF008523（β-tubulin）
Fusarium oxysporum	Zhang et al., 2006	DQ289145（β-tubulin）
Fusarium oxysporum	Garcia-Sanchez et al., 2007	EF450110（β-tubulin）
Neonectria macrodidyma	Oliveira et al., 2009	AM419098（β-tubulin）
Neonectria macrodidyma	Oliveira et al., 2009	AM419110（β-tubulin）
Neonectria radicicola	Halleen et al., 2004	AY677249（β-tubulin）

续表

真菌分类	来源与作者	序列号
Neonectria radicicola	Halleen et al., 2004	AY677255（β-tubulin）
Fusarium foetens	Schroers et al., 2004	AY320123（β-tubulin）
Fusarium foetens	O'Donnell, 2003	AY320125（β-tubulin）
Fusarium fractiflexum	Aoki et al., 2001	AF333948（β-tubulin）
Fusarium concentricum	O'Donnell et al., 1996	U61548（β-tubulin）
Fusarium concentricum	O'Donnell, 2001	AF333951（β-tubulin）
Fusarium solani	Bogale et al., 2006	DQ220207（β-tubulin）
Fusarium solani	Bogale et al., 2006	DQ220208（β-tubulin）
Fusarium solani	Bogale et al., 2006	DQ220209（β-tubulin）

注：该表信息皆来自网站https://blast.ncbi.nlm.nih.gov/Blast.cgi

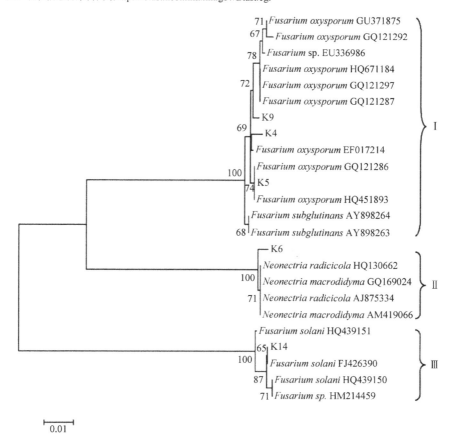

图3-10 特异性产CSA的木豆内生真菌ITS1-5.8S-ITS2序列的系统发育树构建

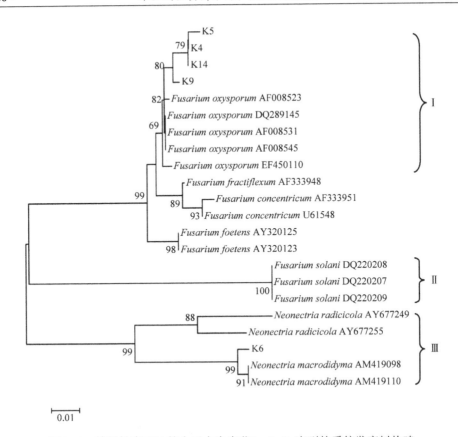

图3-11 特异性产CSA的木豆内生真菌β-tubulin序列的系统发育树构建

研究表明，镰刀菌属与丛赤壳属在分类上一直存在着多种困难，从本研究所构建的系统发育树上的信息得知K4、K5、K9均与 Fusarium oxysporum 处于同一分支，且同源性较高；而K14在ITS与β-tubulin系统发育树上分别属于 F. solani 与 F. oxysporum 两个分支，其中前者的Bootstrap值为小于70%而后者为82%，所以认为K14更接近于 F. oxysporum。K6在ITS系统发育树上与 Neonectria radicicola 和 N. macrodidyma 处于同一分支，并且Bootstrap值较高，但是K6与 N. radicicola 和 N. macrodidyma 分别有2个碱基和4个碱基的差异，说明K6可能更接近于 N. radicicola。然而通过对β-tubulin系统发育树的分析发现，K6与 N. macrodidyma 位于同一分支，且Bootstrap值为99%，而分析K6与 N. macrodidyma 和 N. radicicola β-tubulin序列的相似性，发现K6与 N. macrodidyma 和 N. radicicola 分别有2个碱基和66个碱基的差异。综合考虑，我们认为K6与 N. macrodidyma 为近缘菌。

综合分析比较ITS系统发育树与β-tubulin系统发育树的信息，得出K4、K5、K9、K14属于 Fusarium oxysporum，而K6归类于 Neonectria macrodidyma。为了形象直观

地展示5株菌株与其相似相近的菌种序列的异同,将K4、K5、K6、K9、K14及 *F. oxysporum*、*F. solani*、*N. macrodidyma*和*N. radicicola*的ITS rDNA与β-tubulin基因序列进行比较,如图3-12所示。

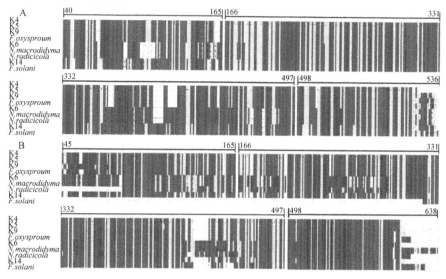

图3-12 特异性产CSA的木豆内生真菌ITS1-5.8S-ITS2、β-tubulin序列与相似菌种序列比对图
（彩图请扫封底二维码）

A. ITS序列与*Fusarium oxysporum*、*F. solani*、*Neonectria radicicola*、*N. macrodidyma*的比对图；B. β-tubulin序列与 *F. oxysporum*、*F. solani*、*N. radicicola*、*N. macrodidyma*的序列比对图。A：黄色，G：紫色，T：绿色，C：棕色

3.5.2 特异性产木豆活性成分内生真菌的发酵工艺优化

1. 特异性产cajanol内生真菌R-18的发酵工艺研究

1）内生真菌R-18的发酵条件单因素优化

木豆内生真菌R-18发酵生产cajanol的产量会受到多种因素的制约,培养基组成成分、碳源、氮源、培养时间、温度及初始pH都有可能会影响其产量,因为cajanol是内生真菌的次级代谢产物,需要考虑到菌体的生长情况,要保证有足够数量、生命能力强及代谢旺盛的菌体细胞,最好这些细胞的生存时间也要长些,这样就可以保证菌体有足够的时间去代谢产生cajanol。

综合考虑上述几种因素,本研究首先考察了不同种类培养基对cajanol产量及生物量的影响（图3-13A）,从图中可以看出,在不同种类的培养基中,cajanol产量及菌体生物量差距很大,在PDB培养基中cajanol产量达到最大（568μg/L）,此时的菌体生物量也同样达到了最大值（4.31g/L）。碳源是微生物生长及代谢所不可或缺的元素,同时也为次生代谢产物提供了碳骨架,将PDB培养基中的碳源分别换为果糖、蔗糖、乳糖及麦芽糖,对其中的碳源进行优化,结果如图3-13B所示,不难发现，葡萄糖是最适合菌体生长及代谢产物积累的，为内生真菌的生命活动提供了充足的能量。氮源是微生物合成蛋白质和核酸等必需化合物的原料，因此，在微生物生长过程中，氮源也是一个不容忽视的因素。本研究分别考察了蛋白胨、牛肉膏、酵母提取物、硫酸铵和氯化铵对cajanol产量及菌体生物量的影响，发现无论是添加哪种氮源，cajanol产量均明显偏低，在50~200μg/L，并且菌体生物量相差不大（图3-13C），这可能是由于添加了氮源之后，对培养基的pH产生了较大影响，不适于内生真菌代谢产物的积累从而阻碍了cajanol的分泌。综合上述几种因素考虑，作为特异性产cajanol的木豆内生真菌最适宜的培养基是PDB，最佳碳源是葡萄糖，不添加氮源，这样既能保证微生物的生长，同时又保证了cajanol产量，再者就是节约资源。

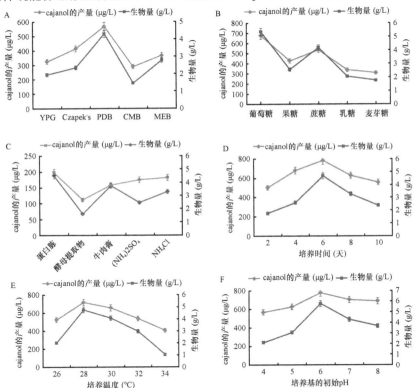

图3-13 不同培养基（A）、碳源（B）、氮源（C）、培养时间（D）、培养温度（E）、培养基初始pH（F）对cajanol产量及菌体生物量的影响

在发酵生产cajanol的过程中，培养时间、培养温度及培养基初始pH对其产量也有很大的影响，只有选择了最佳条件才能使cajanol产量达到最大化（图3-13D~F）。在培养时间的选择上，研究发现在培养时间6天之前，cajanol产量及菌体生物量都是随着时间的延长有所增加，培养时间为6天时cajanol产量达到了783μg/L，菌体生物

量也是最大值4.69g/L，而当培养时间继续增加时，产量则开始出现下滑的趋势，这是因为微生物在前阶段在适应了周围环境时，菌体细胞大量繁殖，并且营养充足，代谢比较旺盛，因此菌体生物量和cajanol产量都是增加的，但是随着时间的延长，营养物质逐渐减少，微生物生命体逐渐老化、降解等，导致产量下降（图3-13D）。培养温度对cajanol产量的影响是不同的，因为温度会对生物体内的酶活性产生一定的影响，在28℃以下，cajanol产量都是随着温度的升高而增加的，并且在28℃达到最大，为719μg/L，温度在适宜范围内升高，有利于微生物加快代谢速度，提高代谢产物的量，而温度继续升高则会对酶活性产生一定的影响，过高的温度使酶失活，菌体加快老化速度，产量下降（图3-13E）。培养基初始pH对cajanol产量也有很大影响，由于pH会对酶活性、细胞结构及微生物对基质的利用产生一定的影响，从而间接影响代谢产物的合成。从图3-13F中可以看出，适合菌体生长及cajanol积累的培养基初始pH是6，菌体生物量和cajanol产量分别达到了5.78g/L和779μg/L。总体来讲，cajanol产量一定程度上受到内生真菌菌体生物量的影响，但是这种关系也不是完全呈正相关。

2）中心组合设计与响应面优化发酵液中cajanol产量

由于微生物菌体代谢不是在单独某一种因素条件下进行的，是需要综合考虑多种因素的相互影响，因此需要对上述单因素条件进行中心组合设计及响应面优化实验。选取其中影响较为显著的培养时间、培养温度及培养基初始pH作为中心组合设计的3个影响因素，而将PDB培养基及葡萄糖作为固定不变的因素进行cajanol产量的考察。从软件设计的20组随机实验结果可以看出，实验值与预测值是比较接近的，因此，中心组合设计模型预测是准确的（表3-6）。

表3-6 不同培养条件下cajanol产量的中心组合实验结果

实验组	因素			cajanol产量（μg/L）	
	时间（天）	温度（℃）	pH	实验值	预测值
1	-1（4）	-1（26）	-1（5）	577.50	615.67
2	-1（4）	-1（26）	1（7）	883.50	848.84
3	-1（4）	1（30）	-1（5）	577.00	570.38
4	-1（4）	1（30）	1（7）	577.50	570.38
5	1（8）	-1（26）	-1（5）	578.00	541.85
6	1（8）	-1（26）	1（7）	787.50	795.77
7	1（8）	1（30）	-1（5）	606.00	642.31
8	1（8）	1（30）	1（7）	744.50	707.98
9	-1.68（2.64）	0（28）	0（6）	737.00	718.94
10	1.68（9.36）	0（28）	0（6）	954.50	970.23
11	0（6）	-1.68（24.64）	0（6）	691.50	706.79

续表

实验组	因素			cajanol产量（μg/L）	
	时间（天）	温度（℃）	pH	实验值	预测值
12	0（6）	1.68（31.36）	0（6）	612.50	594.88
13	0（6）	0（28）	-1.68（4.32）	556.00	536.16
14	0（6）	0（28）	1.68（7.68）	534.50	552.01
15	0（6）	0（28）	0（6）	910.50	887.07
16	0（6）	0（28）	0（6）	927.00	887.07
17	0（6）	0（28）	0（6）	819.00	887.07
18	0（6）	0（28）	0（6）	891.00	887.07
19	0（6）	0（28）	0（6）	897.50	887.07
20	0（6）	0（28）	0（6）	887.00	887.07

通过Design Expert软件对所得实验结果进行数据模拟，得到cajanol产量为目标函数的回归方程为：

$$Y=887.07+74.71X_1-33.27X_2+4.71X_3-47.06X_1X_2+5.19X_1X_3+36.44X_2X_3-15.02X_1^2-83.52X_2^2-121.26X_3^2 \quad (3-7)$$

式中，Y为cajanol产量；X_1为培养时间；X_2为培养温度；X_3为培养基初始pH。

拟合方程的方差分析数据结果如表3-7所示（$P<0.01$表示显著，$P<0.005$表示非常显著）。

表3-7 二次中心组合设计方差分析表

来源	平方和	自由度	均方	F值	P值	显著性
模型	4.067×10^5	9	45 184.28	26.61	<0.000 1	显著
X_1	76 224.84	1	76 224.84	44.89	<0.000 1	
X_2	15 116.55	1	15 116.55	8.9	0.013 7	
X_3	303.13	1	303.13	0.18	0.681 6	
X_1X_2	17 719.03	1	17 719.03	10.44	0.009 0	
X_1X_3	215.28	1	215.28	0.13	0.729 2	
X_2X_3	10 621.53	1	10 621.53	6.26	0.031 4	
X_1^2	3251.26	1	3 251.26	1.91	0.196 5	
X_2^2	1.005×10^5	1	1.005×10^5	59.21	<0.000 1	
X_3^2	2.119×10^5	1	2.119×10^5	124.81	<0.000 1	
失拟项	9 976.74	5	1 995.35	1.42	0.353 6	不显著
R^2	0.959 9					

方差分析中的模型失拟项代表模型的预测值与实验值之间不拟合的概率,从上述分析结果可知,一方面该模型的失拟项P值为0.3536,证明失拟项差异不显著;另一方面该模型显著性检验的P值是低于0.0001,证明拟合度显著,模型拟合成功,通过回归方程可以很好地解释相应结果并且能够准确预测最佳培养条件。

通过Design Expert软件分析,预测出产cajanol的最优培养条件为:培养时间6天,培养温度28℃,初始pH 6,cajanol产量927μg/L。经过上述培养条件的优化,又利用响应面分析法(RSM)对培养时间、培养温度及培养基初始pH在cajanol生产过程中两两之间的相互影响进行了三维面拟合分析,结构如图3-14所示。

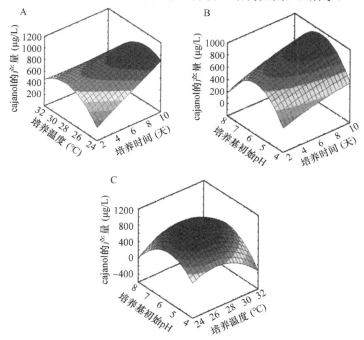

图3-14 木豆内生真菌R-18产cajanol的响应面优化(彩图请扫封底二维码)
培养时间和培养温度(A)、培养时间和培养基初始pH(B)、培养温度和培养基初始pH(C)

从图3-14A中可以看出培养时间和培养温度对cajanol产量影响的交互作用。培养时间对cajanol产量影响是最大的,随着时间的增加,温度的升高,cajanol产量也升高,而当培养时间超过6天时,cajanol产量反而下降,这说明培养基中的组分很有可能已经耗尽,基本没有营养物质和微生物代谢所需的其他成分,而温度越来越高会使酶活性降低或失活,导致代谢减慢,次生代谢产物含量降低。从图3-14B中可以看出培养时间和培养基初始pH对cajanol产量影响的交互作用。培养时间从2~6天,pH从4~6时,cajanol产量逐渐提高,当培养时间继续延长,pH不断增加时,cajanol产量则越来越低,说明适宜的pH可以帮助内生真菌的生长并刺激cajanol代谢产物的合成。而培养温度和培养基初始pH在cajanol产生过程中的交互作用如图3-14C所示。随着温度和pH的升高，cajanol产量具有增加的趋势，持续增加一定程度后，则产量下降，说明这两种因素同样会对cajanol的表达量产生显著的影响，合适的温度及pH可以为菌体生长和代谢提供有利的生存环境和条件，代谢旺盛，更能提高次生代谢产物的产量，增加cajanol的表达量。

2. 特异性产木豆芪酸内生真菌K4的发酵工艺研究

1）内生真菌K4的发酵条件单因素优化

真菌发酵生产木豆芪酸，其产量受多种因素的影响。木豆芪酸作为一种真菌次级代谢产物，如果要提高其产量并使菌株优良的潜力充分发挥出来，需要进行发酵条件优化来进一步确定合适的培养条件。根据不同的真菌选择合适的培养基，来确定最佳发酵工艺，以期提高木豆芪酸的产量。

为了寻找最适宜的内生真菌K4的发酵条件，本研究首先进行了单因素实验。首先，选取不同的发酵培养基进行比较。实验结果表明，在PDB培养基中木豆芪酸产量最高（823.93μg/L），如图3-15A所示；碳源是构成组成细胞的物质和各种代谢产物的碳骨架，并为细胞生命活动提供所需能量，在碳源的选择上，采用不同碳源代替原来PDB培养液中的葡萄糖进行实验，发现葡萄糖和蔗糖分别最适于木豆芪酸的产生和菌体生物量的积累（图3-15B）。

氮源能够提供生物有机体合成原生质和细胞其他结构的原料（代文亮和陶文沂，2008），是生命有机体生长发育必需的营养物质。不同氮源（10g/L）的加入对菌体生长虽然有利（蛋白胨最适宜于菌体的生长），却降低了木豆芪酸的产量（图3-15C）。K4在氮源充足的培养基中不能充分的表达木豆芪酸，可能与氮源对培养基酸碱度的影响有关。综上所述，选择PDB作为发酵培养基，不仅能使木豆芪酸高产、高营养、低价格，而且葡萄糖作为一种良好的碳源利于许多次生代谢产物的产生，它也是细胞生长的重要营养和能量的来源。

在发酵过程中只有合适的培养时间、温度和pH才能够使菌体的生长速度达到最快、代谢产物的产率达到最高。微生物的生长和代谢产物形成在很大程度上受pH影响，不同种类微生物对pH的要求不同，即便是同一种微生物，在不同pH的作用下，代谢产物积累量也不同。K4发酵培养的最优pH从图3-15D中可以看出，最适合木豆芪酸产生和菌体生长的pH是7，在此条件下木豆芪酸的产量和菌体生物量为1356.56μg/L和3.40g/L。培养温度也是影响木豆芪酸合成的一个关键因素，不同温度会影响细胞的生长及相应的酶活力，进而影响木豆芪酸的合成。在33℃和30℃时K4的菌体生物量和木豆芪酸产量达到最大，分别为2.68g/L和1371.77μg/L（图3-15E），而最适宜的培养时间为5天，此时木豆芪酸产量达到最大1407.13μg/L，而菌体生物量在7天时达到最大，为2.84g/L（图3-15F）。木豆芪酸的产生一定程度上受到菌体生物量的影响，但也不完全呈正相关。

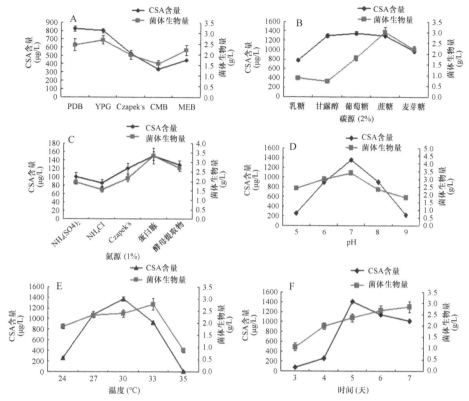

图3-15　不同培养基（A）、氮源（B）、碳源（C）、初始pH（D）、温度（E）、时间（F）对CSA的产量及菌体生物量的影响

2）中心组合设计与响应面优化发酵液中木豆芪酸的含量

本研究的目的是通过优化培养条件提高木豆芪酸的产量。因为不同条件可能影响木豆芪酸的合成与稳定，优化培养条件在木豆芪酸的合成中也起到了关键作用。本研究采用中心组合设计与响应面优化的方法用于K4菌株发酵条件的优化。为了优化木豆芪酸的产量，基本培养基为PDB，葡萄糖作为碳源，不加氮源。基于单因素实验结果，温度、时间和pH作为中心组合设计的3个优化因素，从模型中得到的20组实验设计见表3-8。由表得知，木豆芪酸的产量与预测值相似，通过方差分析，相关性R^2值为0.966，并且有显著性（$P<0.01$），忽略无意义（$P>0.05$）部分，得到如下模型方程：

$$Y=-31.46+1.28X_1+2.08X_3-0.092X_1X_3+0.025X_2X_3-0.058X_1^2-0.028X_2^2-0.17X_3^2 \quad (3-8)$$

式中，Y为CSA产量；X_1为培养时间；X_2为培养温度；X_3为培养初始pH。

表3-8　不同培养条件下CSA产量的预测值和实验值

实验组	因素			CSA产量（mg/L）		
	时间（天）	温度（℃）	pH	实验值	预测值	偏差
1	-1（4）	-1（27）	-1（6）	0.755	0.84	-0.081
2	-1（4）	-1（27）	1（8）	0.733	0.73	0.001
3	-1（4）	1（33）	-1（6）	0.756	0.69	0.065
4	-1（4）	1（33）	1（8）	0.812	0.89	-0.077
5	1（6）	-1（27）	-1（6）	1.367	1.28	0.090
6	1（6）	-1（27）	1（8）	0.754	0.81	-0.053
7	1（6）	1（33）	-1（6）	1.175	1.16	0.011
8	1（6）	1（33）	1（8）	1.089	1.00	0.093
9	-1.68（3.32）	0（30）	0（7）	1.074	1.01	0.061
10	1.68（6.68）	0（30）	0（7）	1.395	1.41	-0.012
11	0（5）	-1.68（24.95）	0（7）	0.712	0.68	0.031
12	0（5）	1.68（35.05）	0（7）	0.669	0.72	-0.049
13	0（5）	0（30）	-1.68（5.32）	0.983	1.03	-0.044
14	0（5）	0（30）	1.68（8.68）	0.825	0.80	-0.027
15	0（5）	0（30）	0（7）	1.438	1.41	0.031
16	0（5）	0（30）	0（7）	1.454	1.41	0.047
17	0（5）	0（30）	0（7）	1.354	1.41	-0.053
18	0（5）	0（30）	0（7）	1.382	1.41	-0.025
19	0（5）	0（30）	0（7）	1.395	1.41	-0.012
20	0（5）	0（30）	0（7）	1.421	1.41	-0.053

从表3-8可知，木豆芪酸的最大产量为1.454mg/L，而相关的条件为pH为7，温度为30℃，培养时间为5天。从图3-16A中可以看出，当pH从6到7，时间从4天到6天时，木豆芪酸的产量有所提高；当pH由7到8时，木豆芪酸产量下降。适宜的pH能够帮助真菌生长并刺激木豆芪酸合成过程中关键酶的酶活，表明pH为7时木豆芪酸产量最高。图3-16B描述了温度与时间在木豆芪酸产生过程中的交互作用。随着温度的升高（27～30℃）伴随着时间的变化（4～6天），木豆芪酸的产量也升高。然而当温度为30～33℃时，木豆芪酸含量却有所下降。温度和时间虽然都影响木豆芪酸的表达，但是二者的交互关系可以忽略不计。pH与温度的作用在图3-16C中可以看到，

随着pH的变化（6～7），伴随着温度的升高（27～30℃），木豆芪酸产量增加。随着pH的变化（7～8），温度的继续升高（30～33℃），木豆芪酸产量下降。结果表明，温度和pH交互作用也能够影响木豆芪酸的产量。适宜的pH和培养时间能够提供适宜的环境包括充足的底物和适宜的酶供菌体生长和木豆芪酸的表达。在pH为7、30℃、5天，木豆芪酸的含量达到1.454mg/L±0.088mg/L（表3-8）。

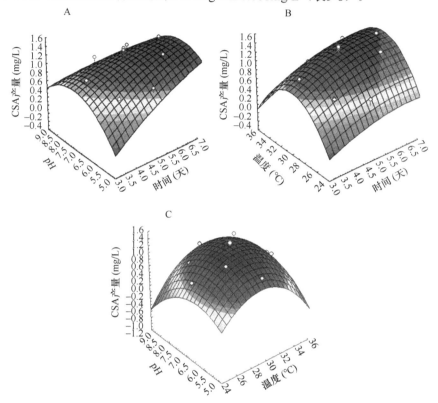

图3-16　菌株K4产木豆芪酸的响应面优化（彩图请扫封底二维码）

培养时间和pH（A）、培养时间和温度（B）、培养温度和pH（C）

3.5.3　特异性产CSA内生真菌发酵产物的分离纯化

1. 正相-反相ODS中压柱层析纯化

木豆内生真菌发酵提取物经乙酸乙酯萃取，再经一次正相ODS中压柱层析后，进行反相ODS中压柱层析精制，得到纯度为96.56%的木豆芪酸产品，木豆芪酸产品的高效液相色谱图如图3-17所示。

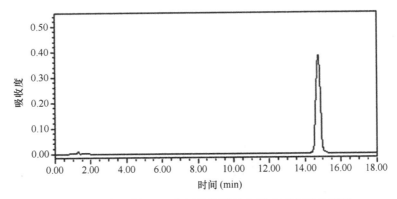

图3-17 正相-反相ODS中压柱层析纯化后木豆芪酸色谱图

2. 结构鉴定

该化合物的理化性质及高分辨率电喷雾电离质谱（HR-ESI-MS）、ESI-MS、^{1}H-NMR、^{13}C-NMR结果如下：白色结晶（甲醇），熔点159～162℃。三氯化铁反应呈绿色（含酚羟基），浓硫酸/乙醇溶液加热反应有芳香气味产生（含羧基），紫外吸收波长365nm呈亮绿色荧光，254nm处吸收明显。HR-ESI-MS（m/z 338.2096，[M]$^-$）确定分子式为$C_{21}H_{22}O_4$（calc. for 338.2010, error: 1.23ppm[①]）。ESI-MS [m/z 337.3 [M-H]$^-$]，其二级质谱分子碎片为293 [M-55]$^-$、223 [M-114]$^-$、238 [M-99]$^-$、277 [M-60]$^-$、235 [M-102]$^-$（图3-18）。

采用^{1}H-NMR谱分析进一步确认该化合物的结构，如图3-19所示，^{1}H-NMR（500MHz，CDCl$_3$）：δ11.53（1H, s, 3-OH），6.67（1H, s, H-6），7.84（1H, d, J=16.0Hz, H-7），6.83（1H, d, J=16.0Hz, H-8），7.55（2H, d, J=7.5Hz, H-10, H-14），7.38（2H, t, H-11, H-13），7.31（1H, t, H-12），3.39（2H, d, J=7.0Hz, H-1'），5.21（1H, dd, J=6.0Hz, H-2'），3.96（3H, s, 5-OMe），1.80（3H, s, H-4'），1.69（3H, s, H-5'）。^{13}C-NMR（125MHz，CDCl$_3$），碳信号为：δ176.0（COOH），142.2（C-1），103.6（C-2），162.5（C-3），117.1（C-4），162.7（C-5），103.2（C-6），130.6（C-7），131.1（C-8），137.5（C-9），127.0（C-10,14），129.0（C-11,13），128.1（C-12），22.3（C-1'），122.1（C-2'），132.2（C-3'），18.0（C-4'），26.1（C-5'），δ56.0（C-5-OMe），其中δ176.0为羧基碳信号，δ56.0为甲氧基碳信号。

上述波谱数据与文献报道的3-hydroxy-4-prenyl-5-methoxystilbene-2-carboxylic acid一致，因此确定该化合物为3-羟基-4-异戊二烯基-5-甲氧基芪-2-羧酸，英文表示为(E)-3-hydroxy-5-methoxy-4-(3-methylbut-2-en-1-yl)-styrylbenzoic acid，命名为木豆芪酸（cajaninstilbene acid）。

[①] 1ppm=10^{-6}

第3章 特异性木豆内生真菌发酵生产木豆功能活性成分

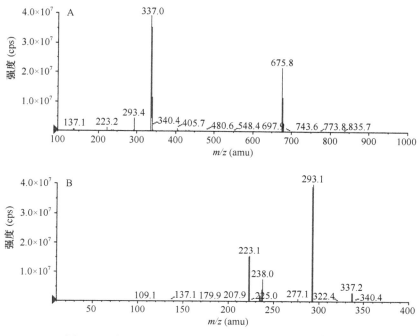

图3-18 木豆芪酸的ESI-一级（A）和二级（B）质谱图

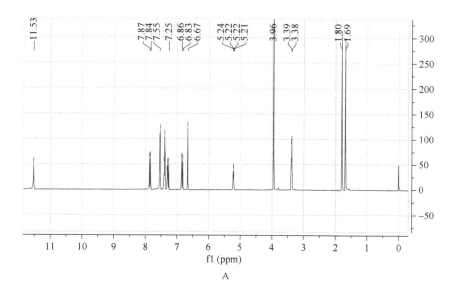

A

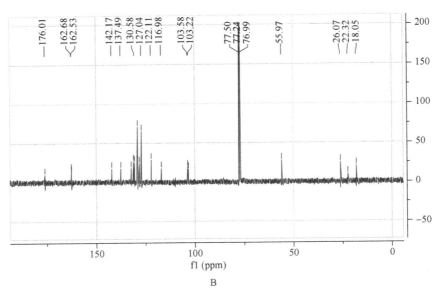

图3-19 木豆芪酸的 ^{1}H-NMR波谱（500MHz, CDCl$_3$）（A）和 ^{13}C-NMR波谱（125MHz, CDCl$_3$）（B）

3.5.4 特异性产木豆活性成分内生真菌发酵产物的活性评估

1. 特异性产cajanol内生真菌发酵产物的活性评估

1）对峙培养内生真菌与致病菌的效果

如表3-9所示，3株特异性产cajanol的木豆内生真菌对供试6种致病菌中的两种，即大豆根腐病菌和黄瓜枯萎病菌，抑制率都达到了70%以上，表明特异性产cajanol的木豆内生真菌对大豆根腐病菌和黄瓜枯萎病菌具有很好的抑制效果。其中R-18效果更为显著，将其作为下一步研究对象。

表3-9 木豆内生真菌对峙培养植物病原菌效果

致病菌	R-18（分级/抑制率）	R-30（分级/抑制率）	R-38（分级/抑制率）
大豆根腐病菌	2/92%	3/75%	3/70%
黄瓜枯萎病菌	2/93%	2/85%	3/72%

2）R-18粗提物对植物病原菌菌丝的抑制效果

如图3-20所示，含有cajanol的木豆内生真菌发酵液乙酸乙酯粗提物对大豆根腐病菌和黄瓜枯萎病菌菌丝生长均具有明显的抑制作用，结果表明，随着粗提物浓度的增加，抑菌圈直径增大，并且在最高浓度时粗提物抑制大豆根腐病菌和黄瓜枯萎病菌的抑菌圈直径分别是28mm±0.5mm和25mm±0.2mm，这说明能够产生cajanol的木豆内生真菌发酵液粗提物对大豆根腐病菌和黄瓜枯萎病菌都表现出了很高的拮抗性。

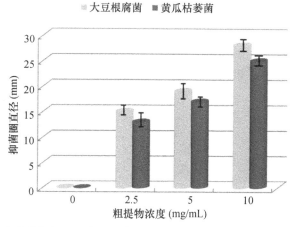

图3-20　内生真菌粗提物对大豆根腐病菌和黄瓜枯萎病菌菌丝生长的抑制效果

3）R-18粗提物对植物病原菌的盆栽防治效果

试验结果表明，特异性产cajanol的内生真菌乙酸乙酯粗提物可显著降低大豆根腐病和黄瓜枯萎病的病情指数（$P<0.05$），经方差分析与对照组差异显著，如表3-10所示，随着cajanol浓度的升高，防治效果增强，并且当粗提物浓度达到10mg/mL时防效与多菌灵相当。

表3-10　内生真菌粗提物的施用对大豆根腐病和黄瓜枯萎病的防治效果（%）

处理	大豆		黄瓜	
	病情指数	防治效果	病情指数	防治效果
空白	69.21	0	72.39	0
2mg/mL	41.37	40.23	41.88	42.15
4mg/mL	30.68	55.67	30.86	57.37
6mg/mL	12.97	81.25	12.19	83.16
8mg/mL	10.28	85.14	8.88	87.74
10mg/mL	7.09	89.76	7.12	90.16
多菌灵	6.78	92.47	6.83	93.27

由图3-21可见R-18乙酸乙酯粗提物对大豆根腐病的防治效果，实验组的根腐病情

况明显好于阴性对照组的大豆苗，阴性对照组（A3）中大豆苗因感染尖孢镰刀菌出现了发芽率低、植株矮小并且生长不健壮的情况，而加了粗提物的实验组（A2）植株状况要好很多，植株的发芽率高，生长健壮。再观察根部的状态，发现感染了根腐病菌的大豆苗根部已经出现黑褐色，严重影响了大豆苗的正常生长，而实验组的大豆苗与正常生长的大豆苗（B1）相比，根系发达，基本上已无感染症状。由此可以说明，特异性产cajanol的木豆内生真菌具有很好的抑制大豆根腐病的应用潜力。

图3-21　内生真菌防治大豆根腐病的效果图（彩图请扫封底二维码）

A. 大豆植株生长情况：A1. 正常生长的大豆植株，A2. 接种内生真菌与大豆根腐病菌，
A3. 只接种大豆根腐病菌；B. 大豆植株根部的变化：B1. 正常生长的大豆植株，
B2. 接种内生真菌与大豆根腐病菌，B3. 只接种大豆根腐病菌

由图3-22可以看出R-18乙酸乙酯粗提物对黄瓜枯萎病的防治效果很好，实验组的枯萎病情况明显好于阴性对照组的黄瓜苗，阴性对照组（A3）中黄瓜苗因感染枯萎病菌出现了发芽率低、植株矮小并且生长不健壮的情况，而加了粗提物的实验组（A2）植株状况要好很多，植株的发芽率高，生长健壮。再观察茎部的状态，发现感染了枯萎病菌的黄瓜苗茎部已经干枯，严重影响了大豆苗的正常生长，而实验组的黄瓜苗与正常生长的黄瓜苗（B1）相比，这些植株生长良好，基本上已无感染症状。由此可以说明，特异性产cajanol的木豆内生真菌具有很好的抑制黄瓜枯萎病的应用潜力。

图3-22　内生真菌防治黄瓜枯萎病的效果图（彩图请扫封底二维码）

A. 黄瓜植株生长情况：A1. 正常生长的黄瓜植株，A2. 接种内生真菌与黄瓜枯萎病菌，
A3. 只接种黄瓜枯萎病菌；B. 黄瓜植株茎部的变化：B1. 正常生长的黄瓜植株，
B2. 接种内生真菌与黄瓜枯萎病菌，B3. 只接种黄瓜枯萎病菌

2. 特异性产CSA内生真菌发酵产物的活性评估

1）抗氧化活性检测

由于单一的方法并不能对抗氧化活性进行一个全面且深入的评价，所以本研究采用不同方法来评估真菌源木豆芪酸的抗氧化能力。主要的抗氧化方法包括以脂质氧化降解为基础的方法、以清除自由基为基础的方法、螯合过渡金属防止产生自由基的方法、测定待测物还原能力的方法等。所以本研究分别采用了DPPH清除自由基实验、β-胡萝卜素漂白实验、还原能力测定实验及脂质过氧化实验来评价真菌中木豆芪酸的抗氧化能力。

由表3-11可以看出，真菌源木豆芪酸的抗氧化能力总体上与植物源木豆芪酸类似，均比白藜芦醇有更好的抗氧化活性（图3-23），4个实验中IC_{50}分别为0.41μg/mL±0.04μg/mL、6.11μg/mL±0.77μg/mL、0.88μg/mL±0.05μg/mL、5.77μg/mL±0.78μg/mL。其中DPPH清除自由基实验与β-胡萝卜素漂白实验结果显示，植物源木豆芪酸比真菌源木豆芪酸有更好的清除自由基的效果，而还原能力测定实验与脂质过氧化实验表明，真菌源木豆芪酸具有更好的效果。分析其原因可能是由于木豆内生真菌中次生代谢产物异常复杂，而存在极微量的木豆芪酸同分异构体的影响。这几种抗氧化测定方法基于不同的原理，因而存在不同的结果。

表3-11　木豆内生真菌中真菌源木豆芪酸、植物源木豆芪酸抗氧化能力评价（μg/mL）

样品	IC_{50}			
	DPPH清除自由基	还原能力测定[a]	β-胡萝卜素漂白实验	脂质过氧化
真菌源木豆芪酸	0.41±0.04	6.11±0.77	0.88±0.05	5.77±0.78
植物源木豆芪酸	0.31±0.04	6.89±0.77	0.42±0.05	6.95±0.78
白藜芦醇	2.58±0.27	9.12±0.85	4.88±0.53	10.36±0.95

a 还原能力测定实验的IC_{50}为吸光度为0.5时样品的有效浓度

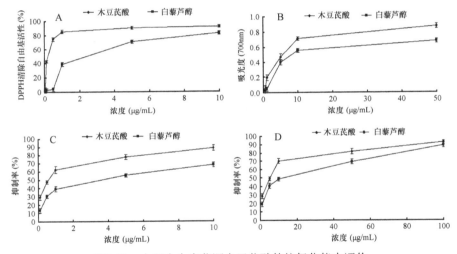

图3-23　木豆内生真菌源木豆芪酸的抗氧化能力评价
A. DPPH清除自由基实验；B. 还原能力测定实验；C. β-胡萝卜素漂白实验；D. 脂质过氧化实验

木豆芪酸的抗氧化能力与其结构有着密切的关系。木豆芪酸A与B两环之间的不饱和共轭双键结构使电子移位，穿越分子与自由基结合使其稳定。这也是其他芪类成分具有抗氧化能力的一个原因（Teguo et al., 1998）。同时，许多研究表明，羟基基团能够使自由基失活而具有较强的抗氧化能力（Sabuncuoglu et al., 2008）。还有报道表明，3′的甲氧基基团能够显著提高化合物的抗氧化能力（Hasiah et al., 2010; Wilson et al., 2008）。所以A与B环的共轭双键，3′的甲氧基和5′的羟基都对木豆芪酸的抗氧化能力有重要的贡献。

2) DNA损伤保护实验

FC试剂产生的羟自由基能够破坏DNA的鸟嘌呤核苷酸残基进而破坏DNA结构，而使pBR322超螺旋环状结构断裂成为半开环状或链状DNA。从图3-24中可以看出DNA损伤的保护与木豆芪酸浓度有关（20～80μg/mL）。FC试剂产生的羟自由基也能够导致过氧化反应使DNA链断裂成为半开环状或使DNA发生解链。随着浓度的增加，木豆芪酸对降低断裂DNA链的形成及保护超螺旋DNA有着明显的效果。FC试剂能够使DNA碱基发生水解，也能够导致脱氧核糖的破坏，FC试剂中包含的铁离子能够结合到脱氧核糖上，产生特定的影响，而当存在EDTA-Fe^{3+}时，则会产生非专一性影响。

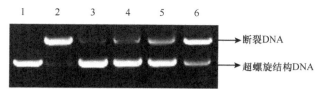

图3-24　木豆芪酸对由羟自由基引发的DNA氧化断裂的影响

1. pBR322 DNA；2. DNA+FC试剂；3～6. DNA+Fenton试剂+CSA（80μg/mL、60μg/mL、40μg/mL、20μg/mL）

与植物源木豆芪酸类似，真菌源木豆芪酸在DNA损伤保护实验中有着类似的效果。随着木豆芪酸浓度的增加，环状的pBR322逐渐被保护，而免遭断裂的迫害，具有明显的保护效果（图3-24）。

3) 氧化还原酶系活性的影响

在有机体中，活性氧主要来自肝细胞中线粒体氧化代谢系统及细胞色素P450系统。人肝癌细胞HepG2，一种较好的、分化的、易于转化的细胞系，在生物化学及营养学等领域有着广泛的应用。由于其模型可靠、易于培养、易于分辨且交互作用较小，本研究选择HepG2来检测XOD、SOD及GR的活性。

黄嘌呤氧化酶（XOD）作为一个同源二聚体，分子量为290kDa，在嘌呤的代谢途径中起着关键作用（Hille and Nishino，1995）。XOD能够催化次黄嘌呤转化为黄嘌呤，并最终转化为尿酸。当化合物作用于XOD的特定位点，抑制XOD的形成，就能够阻止尿酸的形成，木豆芪酸含有羧基，这在天然芪类化合物中十分少见，并能够引起强烈的电子交互作用并进一步抑制XOD的活性（Ardan et al.，2004；Enroth et al.，2000）。

超氧化物歧化酶（SOD）能够将超氧自由基转化为过氧化氢，进一步被转化为水，SOD能够保护细胞免受超氧自由基的伤害。谷胱甘肽还原酶（GR）能够还原多种过氧化物、氢氧化物自由基，它催化抗坏血酸-谷胱甘肽路径的最后一步，维持谷胱甘肽（GSH）/氧化型谷胱甘肽（GSSG）的高比率，使抗坏血酸重生（van der

Oost et al., 2003; Bray et al., 2000)。

分别将不同浓度的真菌源木豆芪酸作用于HepG2细胞，检测细胞中XOD、GR及SOD活性变化（图3-25）。与植物源木豆芪酸类似，木豆芪酸作用于HepG2细胞后能够有效抑制XOD的活性。随着木豆芪酸浓度的增加，抑制能力逐渐增强。在木豆芪酸浓度为100μg/mL时，XOD抑制率为62.57%。随着木豆芪酸浓度的增加，SOD与GR的活性呈上升趋势，活性分别提高了2.77U/mgprot和0.49U/gprot。结果表明，木豆芪酸能够通过抑制XOD活性来抑制尿酸的形成，而通过提高SOD与GR的活性清除自由基完成对细胞过氧化损伤的保护。

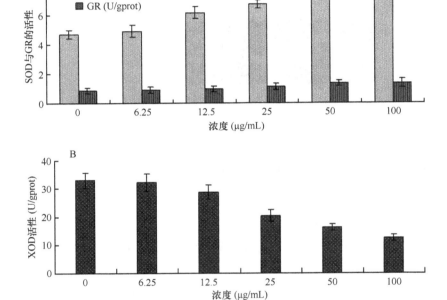

图3-25　真菌源木豆芪酸对HepG2细胞中SOD、GR及XOD活性的影响

参 考 文 献

代文亮, 陶文沂. 2008. 一株紫杉醇产生菌发酵条件的初步研究. 化工进展, 27(6): 883-891.
段广荣, 石延霞, 谢学文, 等. 2010. 黄瓜枯萎病防治药剂的离体和活体筛选. 中国蔬菜, (12): 60-65.
郭永霞, 袁昕, 辛惠甫, 等. 2006. 多菌灵与福美双不同比例混剂拌种对大豆根腐病的防治试验. 黑龙江农业科学, 2: 38.
孙冬梅, 杨谦, 宋金柱. 2005. 黄绿木霉对大豆根腐病镰刀菌的拮抗作用. 中国油料作物学报, 27(3): 58-61.
曾华兰, 叶鹏盛, 李琼芳, 等. 2003. 利用木霉防治丹参根腐病的研究. 四川农业大学学报. 21(2): 142-144.
Anderson IC, Cairney JWG. 2004. Diversity and ecology of soil fungal communities: Increased understanding through the application of molecular techniques. Environ Microbiol, 6: 769-779.
Aoki T, O'Donnell K, Ichikawa K. 2001. *Fusarium fractiflexum* sp. nov. and two other species within the *Gibberella fujikuroi* species complex recently discovered in Japan that form aerial conidia in false heads. Mycoscience, 42(5): 461-478.

Ardan T, Kovaceva J, Cejkova J. 2004. Comparative histochemical and immunohistochemical study on xanthine oxidoreductase/xanthine oxidase in mammalian corneal epithelium. Acta Histochem, 106: 69-75.

Bray EA, Bailey-Serres J, Weretilnyk E. 2000. Responses to abiotic stress. In: Buchanan BB, Gruissem W, Jones RL. Biochemistry and Molecular Biology of Plants. Rockville: American Society of Plant Biologists: 1158-1203.

Bogale MBD, Wingfield MJ, Wingfield ET, et al. 2007. Molecular characterization of *Fusarium* isolates from Ethiopia. Tshwane: Doctor's Thesis of University of Pretoria.

Cheng J, Yang SH, Palaniyandi SA, et al. 2010. Azalomycin F complex is an antifungal substance produced by *Streptomyces malaysiensis* MJM1968 isolated from agricultural soil. J Korean Soc Appl Biol Chem, 53(5): 545-552.

Dahiya JS, Strange RN, Bilyard KG, et al. 1984. Two isoprenylated isoflavone phytoalexins from *Cajanus cajan*. Phytochemistry, 23(4): 871-873.

Duker-Eshun G, Jaroszewski JW, Asomaning WA, et al. 2004. Antiplasmodial constituents of *Cajanus cajan*. Phytotherapy Research, 18(2): 128-130.

Enroth C, Eger BT, Okamoto K, et al. 2000. Crystal structures of bovine milk xanthine dehydrogenase and xanthine oxidase: structure-based mechanism of conversion. Proc Natl Acad Sci USA, 97: 10723-10728.

Gullcin I. 2006. Antioxidant activity of caffeic acid (3,4-dihydroxycinnamic acid). Toxicology, 217: 213-220.

Halleen F, Schroers HJ, Groenewald JZ, et al. 2004. Novel species of *Cylindrocarpon* (*Neonectria*) and *Campylocarpon* gen. nov. associated with black foot disease of grapevines (*Vitis* spp.). Stud Mycol, 50: 431-455.

Hasiah AH, Ghazali AR, Weber JEF, et al. 2011. Cytotoxic and antioxidant effects of methoxylated stilbene analogues on HepG2 hepatoma and Chang liver cells: Implications for structure activity relationship. Hum Exp Toxicol, 30: 138-144.

Hille R, Nishino T. 1995. Flavoprotein structure and mechanism. Xanthine oxidase and xanthine dehydrogenase. FASEB J, 9: 995-1003.

Hong JW, Suh H, Kim OH, et al. 2015. Molecular identification of mycorrhizae of *Cymbidium kanran* (Orchidaceae) on Jeju Island, Korea. Mycobiology, 43(4): 475-480.

Ingham JL. 1976. Induced isoflavonoids from fungus-infected stems of pigeon pea (*Cajanus cajan*). Zeitschrift für Naturforschung. Section C: Biosciences, 31(9-10): 504.

János V, Beáta T, Krisztina R, et al. 2000. Phylogenetic analysis of *Aspergillus* Section *Circumdata* based on sequences of the internal transcribed spacer regions and the 5.8S rRNA gene. Fungal Genetics and Biology, 30: 71-80.

Kong Y, Fu YJ, Zu YG, et al. 2009. Ethanol modified supercritical fluid extraction and antioxidant activity of cajaninstilbene acid and pinostrobin from pigeon pea [*Cajanus cajan* (L.) Millsp.] leaves. Food Chemistry, 117(1): 152-159.

Kofler R, Bartos J, Gong L, et al. 2008. Development of microsatellite markers specific for the short arm of rye (*Secale cereale* L.) chromosome1. Theor Appl Genet, 117(6): 915-926.

Lakeman FD, Whitley RJ. 1995. Diagnosis of herpes simplex encephalitis: Application of polymerase chain reaction to cerebrospinal fluid from brain-biopsied patients and correlation with disease. J Infect Dis, 171: 857-863.

Liu X, Zhang X, Fu YJ, et al. 2011. Cajanol inhibits the growth of *Escherichia coli* and *Staphylococcus aureus* by acting on membrane and DNA damage. Planta Med, 77: 158-163.

Luo M, Liu X, Zu YG, et al. 2010. Cajanol, a novel anticancer agent from Pigeon pea [*Cajanus cajan* (L.) Millsp.] roots, induces apoptosis in human breast cancer cells through a ROS-mediated mitochondrial pathway. Chemico-Biological Interactions, 188(1): 151-160.

Manici LM, Caputo F. 2010. Fungal community diversity and soil health in intensive potato cropping systems of the east Po valley, northern Italy. Annals of Applied Biology, 155(2): 245-258.

Mosmann T. 1983. Rapid Colorimetric assay for cellular growth and survival: Application to proliferation and cytotoxicity assay. J Immunol Meth, 65(1-2): 55-63.

Mun H-Y, Jeong J-Y, Kim C-J, et al. 2012. First report of *Chrysanthemum* (*Chrysanthemum morifolium*) crown rot caused by *Fusarium solani* in Korea. The Plant Pathology Journal, 28(1): 49-54.

O'Donnell K , Cigelnik E , Nirenberg HI .1998. Molecular systematics and phylogeography of the *Gibberella fujikuroi* species complex. Mycologia, 90(3): 465-493.

Sabuncuoglu S, Sohretoglu D, Koray Sakar M, et al. 2008. Antioxidant activity of polyphenolic compounds and extracts from *Geranium purpureum*. Toxicol Lett, 180S: S32-S246.

Schroers HJ , Baayen RP , Meffert JP , et al. 2004. *Fusarium foetens*, a new species pathogenic to begonia elatior hybrids (*Begonia* × *hiemalis*) and the sister taxon of the *Fusarium oxysporum* species complex. Mycologia, 96(2): 393-406.

Shanmugam V, et al. 2013. Genetic diversity of *Fusarium* spp. inciting rhizome rot of ginger and its management by PGPR consortium in the western Himalayas. Biological Control, 66(1): 1-7.

Sharma M, Tripathi P, Singh VP, et al. 1995. Hepatoprotective and toxicological evaluation of hepatomed, an ayurvedic drug. Indian J Exp Biol, 33: 34-37.

Sokmen M, Angelova M, Krumova E, et al. 2005. *In vitro* antioxidant activity of polyphenol extracts with antiviral properties from *Geranium sanguineum* L. Life Sci, 76: 2981-2993.

Teguo PW, Fauconneau B, Deffieux G, et al. 1998. Isolation, identification, and antioxidant activity of three stilbene glucosides newly extracted from *Vitis vinifera* cell cultures. J Nat Prod, 61: 655-657.

van der Oost R, Beyer J, Vermeulen NPE. 2003. Fish bioaccumulation and biomarkers in environmental risk assessment: A review. Environmental Toxicology and Pharmacology, 13: 57-149.

Wang ZH, Hsu CC, Yin MC. 2009. Antioxidative characteristics of aqueous and ethanol extracts of glossy privet fruit. Food Chem, 112: 914-918.

Wilson MA, Rimando AM, Wolkow CA. 2008. Methoxylation enhances stilbene bioactivity in *Caenorhabditis elegans*. BMC Pharmacol, 8: 15-26.

Wu N, Kong Y, Fu Y, et al. 2010. *In vitro* antioxidant properties, DNA damage protective activity, and xanthine oxidase inhibitory effect of cajaninstilbene acid, a stilbene compound derived from pigeon pea [*Cajanus cajan* (L.) Millsp.] leaves. Journal of Agricultural and Food Chemistry, 59(1): 437-443.

第4章 特异性木豆内生真菌发酵生产黄柄曲霉素及其生物防治应用

4.1 特异性产黄柄曲霉素木豆内生真菌的筛选及鉴定过程

4.1.1 抗菌活性菌株的初筛

采用菌丝块平板对峙法（梁艳，2010）对木豆内生真菌的抑制植物病原真菌活性进行初步筛选。首先将于4℃冰箱中保藏的木豆内生真菌和植物病原真菌菌种接种到新鲜的PDA平板上，于28℃培养5～7天，进行活化。活化后，在超净工作台内进行无菌操作，用直径5mm的打孔器在菌落边缘切取木豆内生真菌和病原真菌的菌丝块，挑取一小块供试病原真菌丝块接种于含新鲜PDA平板（直径9cm）的中央，然后将不同的木豆内生真菌菌丝块接种在平板四周以病原真菌为圆心、2.5cm为半径的4个垂直点上。单独将病原真菌菌丝块放置于PDA平板上进行培养，不做对峙处理，作为阴性对照，每组处理均重复3次，然后将平板放于28℃恒温培养箱中培养5～7天。观察各木豆内生真菌与病原真菌菌落边缘之间是否有抑菌圈形成，用直尺测量病原真菌菌落直径，记录每组中病原真菌菌落直径及只接病原真菌的对照直径，按以下公式计算抑菌率，选择拮抗作用明显的木豆内生真菌进行复筛。

抑菌率（%）=(对照菌落直径−处理菌落直径)/对照菌落直径×100%

4.1.2 木豆内生真菌液体培养及发酵物的提取

在500mL三角瓶中装入200mL PDB培养基，封口，在121℃条件下灭菌20min。在超净工作台内进行无菌操作，将活化的木豆内生真菌菌落边缘分别用打孔器打取直径为5mm的菌饼，待液体培养基冷却至室温后，用接种针挑取3个菌饼接种于高压湿热灭菌后的液体培养基中，置于28℃的恒温摇床上120r/min振荡培养7天，获得各菌株的培养液。

发酵终止后，将布氏漏斗垫两层滤纸抽滤培养液，使发酵液与菌丝体分开。发酵液用与发酵液等体积的乙酸乙酯萃取3次，合并3次萃取液，用旋转蒸发仪旋干萃取液，用二甲基亚砜（DMSO）溶解所得发酵物，配制成浓度为5mg/mL，备用。

4.1.3 抗菌活性菌株的复筛

取上述各内生真菌发酵液提取物50μL于无菌滤纸片上并吹干，植物病原真菌丝块接种于PDA平板（直径9cm）的中央，在距离菌丝块3cm处放置供试木豆内生真菌活性菌株的发酵液提取物滤纸片。以只有50μL DMSO并吹干的滤纸片作为阴性对照，于28℃恒温培养3~7天，每组重复3次。观察是否有抑菌圈出现及其抑菌效果，抑菌圈越大，表示其抑菌效果越强。抑菌圈直径大于12mm作为强抑菌作用菌株（+++），抑菌圈直径8~12mm作为中强抑菌作用菌株（++），抑菌圈直径小于8mm作为弱抑菌作用菌株（+），无抑菌圈出现为无抑菌作用菌株（−）。

4.1.4 LC-MS/MS检测特异性产黄柄曲霉素木豆内生真菌

木豆内生真菌经发酵培养后，培养液用4层纱布过滤，获得发酵液并用等体积的乙酸乙酯萃取3次，将3次萃取液合并。利用旋转蒸发仪于45℃减压浓缩至干粉，溶于色谱甲醇并用0.22μm微孔滤膜过滤，进行HPLC、MS及LC-MS/MS检测。

经过试验确定了LC-MS/MS测定木豆内生真菌产黄柄曲霉素的色谱-质谱条件：色谱条件：Agilent 1100 LC二元泵；HIQ SIL C18柱，250mm×4.6mm，5μm；流动相：甲醇：水（85：15，V/V）；流速：1.0mL/min；进样量：10μL。

质谱条件：离子源：涡轮喷雾：（ESI，极性：负极）；离子喷雾电压：−4500V；黄柄曲霉素的检测条件为：去簇电压：−102V；碰撞能：−27V；入口电压：−10V；碰撞池出口电压：−8V；运用多重反应监控的模式对离子进行检测，黄柄曲霉素的离子转型是由前期离子 m/z 195.1转化为[M−H]⁻ m/z 166.9。

4.1.5 特异性产黄柄曲霉素木豆内生真菌的鉴定

同第2章2.2节。

4.2 特异性产黄柄曲霉素木豆内生真菌的发酵工艺优化设计

4.2.1 发酵培养

1. 种子培养

从新鲜的PDA平板上取5mm×5mm大小的木豆内生真菌菌丝块接种至装有50mL种子培养基的200mL无菌三角瓶中，于28℃、150r/min摇床上培养3天。

2. 发酵培养

将培养好的种子培养液经过振荡摇匀后，按一定比例接种到不同发酵培养基中，在不同培养条件下进行发酵培养。

3. 黄柄曲霉素提取方法

木豆内生真菌发酵培养液经4500r/min离心30min，收集上层清液；对所得菌体沉淀进行超声匀浆30min，使代谢产物能够充分释放，再以4500r/min离心30min；将两次上层清液合并，双层滤纸过滤，在所得滤液中加入等体积乙酸乙酯进行萃取，充分振荡，共萃取3次。将有机相合并，于50℃旋转蒸发至干粉状，样品加入一定量的色谱甲醇溶解后，12 000r/min离心10min，0.22μm滤膜过滤后进行检测。

4. 黄柄曲霉素定量方法

采用LC-MS/MS法定量检测黄柄曲霉素，用黄柄曲霉素标准品组作对照。

色谱条件：Agilent 1100 LC二元泵；HIQ SIL C18柱，250mm×4.6mm，5μm；流动相：甲醇：水（85:15，V/V）；流速：1.0mL/min；进样量：10μL。

质谱条件：离子源：涡轮喷雾（ESI，极性：负极）；离子喷雾电压：-4500V；黄柄曲霉素的检测条件为：去簇电压：-102V；碰撞能：-27V；入口电压：-10V；碰撞池出口电压：-8V；运用多重反应监控的模式对离子进行检测，黄柄曲霉素的离子转型是由前期离子m/z 195.1转化为$[M-H]^-$ m/z 166.9。

生物量的测定：发酵培养液经过离心后，取菌体沉淀并用无菌蒸馏水洗涤两次，置于50℃烘箱烘干至恒重，称量菌体质量。

4.2.2 发酵条件单因素优化

测定在不同发酵培养基（改良察氏培养基、酵母蛋白胨葡萄糖培养基、改良沙氏液体培养基、玉米粉培养基）中内生真菌发酵黄柄曲霉素的含量，来确定基础发酵培养基。通过在基础发酵培养基中分别添加2%的不同碳源（蔗糖、乳糖、葡萄糖、麦芽糖、可溶性淀粉）及1%的不同氮源（硫酸铵、磷酸二氢铵、酵母膏、牛肉膏、蛋白胨）来替代基础发酵培养基中相对应的营养成分进行发酵实验，进一步测定黄柄曲霉素含量及菌体生物量，初步筛选出最佳的碳源和氮源。通过不同培养时间（3天、6天、9天、12天、15天）、不同培养温度（20℃、24℃、28℃、32℃、36℃）和不同初始pH（4、5、6、7、8）下的内生真菌发酵黄柄曲霉素产量来确定最适发酵培养条件。

4.2.3 中心组合设计与响应面优化发酵液中黄柄曲霉素的含量

根据单因素实验可看出，在优化发酵木豆内生真菌生产黄柄曲霉素的过程中，所用培养时间、温度、初始pH 3个因素对黄柄曲霉素产量有着显著的影响。因此，选用3因素5水平的中心组合实验设计并结合响应面优化对实验进行进一步优化，来考察这3个因素不同水平下的组合对黄柄曲霉素产量的影响，见表4-1。

表4-1 中心组合设计的实验因素和水平表

因素	水平				
	-1.68	-1	0	1	1.68
时间（天）	0.95	3	6	9	11.05
温度（℃）	17.27	20	24	28	30.73
pH	4.32	5	6	7	7.68

4.2.4 统计学处理

所有实验结果均采用Statistica 6.0软件包进行统计学意义分析，$P<0.01$视为具有显著差异。

4.3 特异性产黄柄曲霉素木豆内生真菌发酵产物的分离纯化设计

柱层析分离纯化技术的原理是首先在圆柱管中填充不溶性基质，形成固定相，然后将待分离混合物样品均匀地加到装有固定相的柱子中。用适当的溶剂（称洗脱剂）进行冲洗，选择洗脱剂是由待分离物质和所用的固定相性质共同决定的。由于固定相和流动相对各组分的亲和力不同，待分离样品中各组分在两相中的分配不同，并且在柱中随流动相移动的速度也不同，所以对固定相亲和力最弱的组分随洗脱剂首先流出，通过分段定量的收集洗脱液而使各组分得到分离。通常把固定相极性大于流动相极性的柱层析方法称为正相柱层析，常用于分离极性化合物，极性小的组分先流出；而把固定相极性小于流动相极性的柱层析方法称为反相柱层析，常用于分离非极性或弱极性化合物，极性大的组分先流出。

柱层析分离纯化技术，根据填料的不同，可分离纯化不同种类的高分子化合物如蛋白质、多肽、多糖及小分子化合物，通过吸附—解吸的过程将具有不同理化性质的物质分离开，柱层析分离纯化技术是目前应用最为广泛的分离提纯方法。

大量的预实验说明，从木豆内生真菌的发酵提取物中分离得到单体化合物是比较困难的。由于木豆内生真菌ELP-8-9的代谢成分较为复杂并且色素含量较高，所以分离难度较大，即使经过大孔吸附树脂富集，仍然存在着相当含量的色素干扰单体化合物分离。因此，本研究拟采用柱层析分离纯化技术对ELP-8-9发酵提取物黄柄曲霉素进行分离纯化处理。

4.3.1 内生真菌的发酵培养及黄柄曲霉素粗提物的制备

从新鲜的PDA平板上用直径5mm的打孔器在菌落边缘切取木豆内生真菌ELP-8-9菌丝块接种于装有50mL种子培养液的200mL无菌三角摇瓶中，28℃、150r/min摇床上培养3天。内生真菌种子培养液经过振荡摇匀后,按一定比例接种到PDB液体培养基中,于24℃、120r/min摇床培养6天。

内生真菌ELP-8-9发酵培养液经4500r/min离心30min,收集上层清液;对所得菌体沉淀进行超声匀浆30min,使代谢产物能够充分释放,再以4500r/min离心30min;将两次上层清液合并,双层滤纸过滤,在所获得的滤液中加入等体积乙酸乙酯进行萃取,充分振荡,共萃取3次。将有机相合并于50℃旋转蒸发至干粉状,备用。

4.3.2 中压正相柱层析分离纯化黄柄曲霉素

1. 中压正相柱层析中硅胶的预处理与硅胶柱的制备

应用柱层析技术进行分离的核心是柱填料,硅胶是一种最通用的分离基质,其中正相硅胶为一多孔性物质,它具有多孔性的硅氧环及—Si—O—Si—的交链结构,其骨架表面的硅醇基团硅烷醇基团能通过氢键与极性或不饱和分子相互作用,因此吸附能力较强。正相硅胶属于是酸性吸附剂,多适用于中性或酸性成分的层析,对于弱极性样品的分离具有较好效果。由于木豆内生真菌所产生的次生代谢产物成分十分复杂,其中许多化合物的结构相似,极性差别也很小,如果仅通过常规的大孔树脂富集或液液萃取等方法很难分离得到单一的化合物。因此,本研究拟采用中压正相硅胶柱层析法进行黄柄曲霉素的纯化。

取一定量的300~400目柱层析硅胶110~130℃恒温活化4h,取出放置在洁净的干燥器中12h,层析柱采用湿法填充。取硅胶放置于烧杯中,加入适量的石油醚,超声脱气并搅拌均匀。缓慢装入层析柱中,并不断敲打层析柱以排除气泡,从而使得硅胶自然沉降。最后,用石油醚使层析柱充分密实,得到径高比约为1∶7的硅胶柱。

2. 中压正相柱层析样品的制备与上样

取木豆内生真菌ELP-8-9乙酸乙酯粗提物用少量的甲醇溶解,并加入适量硅胶,在减压浓缩状态下将其拌成干粉状,然后将其缓慢加入层析柱中,使载有样品的硅胶在硅胶柱表面形成均匀薄层。

3. 中压正相柱层析中柱层析样品的洗脱

依次用正己烷∶乙酸乙酯=20∶1、10∶1、7∶1、5∶1(V/V)进行洗脱,调节压力与层析柱控制阀将流速控制为10mL/min。仔细观察层析柱,待黄色色带流出后,开始每500毫升洗脱液收集成一份,并随时用TLC进行定性检测。将TLC检测得到有较高含量目标成分黄柄曲霉素的组分合并,并减压浓缩至一定体积,有深黄色颗粒析出,即目标化合物黄柄曲霉素粗品。

4. 薄层层析定性检测

检测条件：将活化后的硅胶薄层板放入层析缸，黄柄曲霉素的展开剂溶剂均为乙酸乙酯∶正己烷∶乙酸（15∶15∶1，$V/V/V$）。

检测方法：取适量对照品及从柱层析得到的各洗脱液点于同一硅胶薄层板上，在展开剂体系下上行展开，取出晾干后，用紫外分析仪检测。

5. 结晶与重结晶

将通过柱层析得到的黄柄曲霉素粗品溶于尽量少的乙酸乙酯中，静置、析晶，得到黄色晶体，室温下真空避光干燥24h，再用尽量少的乙酸乙酯溶解，滴加正己烷，直至出现少量沉淀，热超声至溶液澄清，静置、重结晶。

4.3.3 结构鉴定

首先，通过理化性质和TLC、HPLC进行鉴定。利用理化性质和TLC确定该化合物的类别，以及在既定流动相体系下的R_f值；通过RP-HPLC-PAD来确定化合物的紫外光谱。但这些数据并不是完全绝对的，如R_f值等都是仪器设备性依存的，作为产品的标准参数用来定性化合物缺乏一定的可信度。所以，还应该采用ESI-MS-MS、^{1}H-NMR及^{13}C-NMR对所得化合物进行严格的结构确认。

4.4 特异性产黄柄曲霉素木豆内生真菌的生物防治的应用

植物内生真菌具有多种生物学功能，能够产生丰富多样的次生代谢产物，并且具有多种生物活性，因此，可能成为具有潜力的微生物源农药。尖孢镰刀菌是大豆根腐病的主要致病菌，近年来对大豆根腐病的防治多是采用容易对大豆和土壤造成污染的化学农药和种衣剂拌种，非常不利于保护生态环境和发展绿色食品。随着人们对食品安全、生态安全的日益重视，生物防治将是解决大豆根腐病的可能途径之一，比起化学防治方法来其具有不污染环境、对人和其他生物安全及产品无残留等优势。

本研究首次对木豆内生真菌次生代谢产物——黄柄曲霉素抑制尖孢镰刀菌的活性进行初步研究，并通过温室实验考察黄柄曲霉素对大豆根腐病的抑制效果，为其有效抑制大豆根腐病奠定理论基础，同时为微生物源农药的开发提供新途径。

4.4.1 黄柄曲霉素对病原真菌菌丝生长的影响

采用牛津杯法测定黄柄曲霉素对尖孢镰刀菌菌丝生长的影响。将尖孢镰刀菌在PDB液体培养基中培养3天，过滤除去菌丝，用无菌水将尖孢镰刀菌孢子悬浮液的浓度调为1×10^5cfu/mL。取尖孢镰刀菌孢子悬浮液1mL加入已灭菌且放置至50℃的10mL PDA培养基中，混匀。在已经铺好的水琼脂培养基上摆放5个牛津杯（外径8.0mm，内径6.0mm，高度10.0mm），倒入含有病原真菌的PDA培养基，静置，凝固。分别向牛津杯中加入100μL黄柄曲霉素溶液（10μg/mL、20μg/mL、40μg/mL、80μg/mL），3组平行，设空白对照。28℃下培养24h，观察并测量抑菌圈大小。

4.4.2 黄柄曲霉素对病原真菌孢子萌发的影响

采用悬滴法测定抑制尖孢镰刀菌孢子萌发的作用。用无菌生理盐水稀释黄柄曲霉素，浓度分别为10μg/mL、20μg/mL、40μg/mL、80μg/mL，将在PDA平板上培养好的尖孢镰刀菌用无菌水洗下其分生孢子，用灭菌的纱布过滤除去菌体并将分生孢子的浓度调整为2×10^4个/mL。将孢子悬浮液与不同浓度的黄柄曲霉素等量混合，混匀后吸取50μL滴加到凹玻片内，对照为等量无菌生理盐水与孢子悬浮液混合，重复3次。把凹玻片放在垫有湿润滤纸的培养皿中，在25℃条件下保湿培养16h，统计分生孢子萌发数量，根据下列公式计算孢子萌发抑制率并在光学显微镜下观察孢子的形态变化。

孢子萌发抑制率（%）=(对照孢子萌发率−处理孢子萌发率)/对照孢子萌发率×100%

4.4.3 黄柄曲霉素对病原真菌细胞膜通透性的影响

将尖孢镰刀菌分生孢子悬浮液（1×10^6cfu/mL）接种于50mL PDB培养基中，于28℃、150r/min 摇床上培养3天。分别加入浓度为10μg/mL、20μg/mL、40μg/mL、80μg/mL的黄柄曲霉素溶液10mL，并设空白对照。加药后继续摇床培养，分别于0、10min、30min、60min、120min、240min、12h、24h各取出5mL各组上清培养液，用电导率仪测定各组上清液的电导率，每组3次重复。

4.4.4 黄柄曲霉素对病原真菌菌丝脂质过氧化的影响

将尖孢镰刀菌分生孢子悬浮液（1×10^6cfu/mL）接种于50mL PDB培养基中，于28℃、150r/min 摇床上培养3天。分别加入浓度为10μg/mL、20μg/mL、40μg/mL、80μg/mL的黄柄曲霉素溶液10mL，并设空白对照。加药后继续摇床培养3天，抽滤，用0.02mol/L磷酸缓冲液（pH 7.4）洗涤各组菌体，每次冲洗5min，重复3次。然后6000r/min离心10min，收集菌体并加入液氮研磨至干粉，加入4mL 0.6%硫代巴比妥酸（TBA）与10%三氯乙酸（TCA）的混合液（配制时称取0.3g TBA用少量的1mol/L NaOH溶液溶解，再用TCA定容至50mL），沸水浴加热30min。冰浴冷却，10 000r/min离心10min，取上清液，分别在450nm、532nm、600nm下测吸光度。按式（4-1）计算丙二醛（MDA）的含量（CMDA）：

$$\text{CMDA}（\mu mol/L）= 6.45\times(A_{532}-A_{600})-0.56A_{450} \tag{4-1}$$

4.4.5 黄柄曲霉素对大豆根腐病的盆栽防治效果测定

1. 尖孢镰刀菌的培养

高粱粒100g放入250mL三角瓶中用水浸泡12h，滤干，高压灭菌。每瓶中接种5mm已活化的尖孢镰刀菌5块，28℃培养5天，制成干粉备用。

2. 土壤准备

土壤取自东北林业大学植物园，土壤经2次高压灭菌（121℃），每次灭菌时间为2h，相隔1天处理。

3. 盆栽试验

充分混匀10g尖孢镰刀菌粉剂和250g已灭菌的土壤后，放入培养钵（外直径6.5cm，高8cm）中。把经表面消毒的大豆种子播于培养钵中，每个培养钵10粒种子，每组处理3个营养钵。进行灌根处理，黄柄曲霉素浓度为20μg/mL、40μg/mL、80μg/mL、100μg/mL，以多菌灵为对照，以清水处理为空白对照，每组用药量20mL，放置于温室培养（昼夜温度24℃/17℃，光照时间14h，相对湿度70%以上）。每隔3天对其进行同样的灌根处理，3次重复。培养15天考察各组处理及对照的发病情况，计算防治效果。

大豆根腐病分级标准（郭永霞等，2006）：

"0" 主根、须根健全，均无病斑；
"1" 主根上有零星病斑，但不连片，须根上无病斑；
"2" 主根病斑连片，但小于根部周长的1/4，须根略有发病；
"3" 主根病斑大于根部周长的1/4，但小于1/2，须根病斑较多，但不成片；
"4" 主根病斑大于根部周长的1/2，但小于3/4，须根略微发病，部分须根脱落；
"5" 整个根部均有病斑包围，根部腐烂，须根近无。

发病率（%）=∑发病株数/调查总株数×100%
病情指数=100×∑(每个病级的植株数×级别数)/(调查总植株数×发病最高级别数)
防治效果（%）=(对照病情指数–处理病情指数)/对照病情指数×100%

4.4.6 统计学处理

所有实验结果均采用Statistica 6.0软件包进行统计学意义分析，$P<0.05$视为具有显著差异。

4.5 结果与讨论

4.5.1 特异性产黄柄曲霉素木豆内生真菌的筛选及鉴定

1. 抗菌活性菌株的初筛

利用平板对峙法对分离得到的172株木豆内生真菌的抗植物病原菌活性进行评估，初步筛选出活性菌株。从表4-2中可以看出，木豆内生真菌对8种植物病原菌有不同程度的抑制作用。在172株内生真菌中，有29株至少对一种植物病原菌有抑制作用（抑制率达50%以上），占测试总株数的16.86%。只对1种病原菌有活性且抑制率达到50%以上的内生真菌有9株，能够抑制2种病原菌的有12株，能够抑制3种病原菌的有5株，能够同时抑制4种病原菌的有2株，能够同时对5种病原菌均有抑制效果的有1株。抗菌活性初筛的结果显示出木豆内生真菌菌株对植物病原菌的抑制作用具有特殊性，这可能与不同内生真菌的抑菌机制的差异有关。本研究将能够抑制3种以上植物病原菌的木豆内生真菌进行下一步的复筛。

表4-2 木豆内生真菌对8种植物病原菌的抑制率（%）

内生真菌编号	抑制率							
	腐皮镰孢菌	大丽轮枝菌	瓜果腐霉	甜菜生尾孢菌	辣椒疫霉菌	核盘菌	稻瘟病菌	尖孢镰刀菌
ELP-2-8	2.15	32.04	5.62	26.58	7.36	12.40	5.52	60.51
ELP-2-13	5.54	54.09	0.00	12.35	3.41	12.61	0.00	6.96
ELP-5-3	3.15	52.68	48.66	50.42	6.91	15.27	55.17	11.60
ELP-6-4	0.00	3.91	15.67	54.63	2.75	7.31	40.57	51.22
ELP-6-6	32.87	11.45	64.13	12.60	7.69	50.89	0.00	40.17
ELP-7-7	51.27	16.49	52.31	39.16	42.79	43.01	63.45	79.32
ELP-8-9	60.35	28.27	55.11	46.85	50.48	40.25	64.32	82.17
ELP-9-2	52.11	23.84	51.79	44.26	46.01	39.46	60.50	75.34
ELP-12-6	9.46	30.87	27.9	3.37	13.09	21.08	55.94	2.49
ELP-14-12	8.12	51.37	21.54	52.63	16.33	0.00	32.86	6.71
ELP-16-8	0.00	11.63	26.19	17.46	2.49	2.18	13.06	64.73
ELP-17-1	6.23	55.55	23.82	13.63	52.57	3.92	47.40	50.68
ELP-17-5	54.68	9.79	33.09	32.68	30.57	42.50	10.83	5.68
ELP-19-5	20.14	0.00	34.28	50.06	38.59	45.07	0.00	55.50
ELP-21-4	32.35	5.89	51.17	42.03	45.47	15.37	13.05	23.63
ELP-21-11	0.54	52.06	42.30	35.72	59.56	4.91	6.58	13.37
ESP-1-1	3.05	42.16	51.35	0.00	11.14	0.00	67.27	7.09

续表

内生真菌编号	抑制率							
	腐皮镰孢菌	大丽轮枝菌	瓜果腐霉	甜菜生尾孢菌	辣椒疫霉菌	核盘菌	稻瘟病菌	尖孢镰刀菌
ESP-4-5	54.22	13.40	9.68	24.92	18.59	8.35	37.26	26.09
ESP-8-7	7.45	38.37	42.63	51.55	16.54	20.35	4.39	50.01
ESP-10-2	21.35	51.17	23.28	13.57	55.98	8.58	59.67	0.00
ESP-12-16	58.05	0.00	36.72	53.99	3.22	6.91	1.82	2.31
ESP-14-8	3.37	9.85	51.27	20.34	7.45	5.63	20.11	14.07
ESP-15-4	19.20	3.26	0.00	50.95	1.24	51.28	9.73	0.58
ERP-4-4	5.63	10.39	8.16	21.04	50.38	7.75	51.78	52.60
ERP-6-10	23.22	51.29	0.00	0.00	0.00	3.09	6.93	11.34
ERP-11-4	1.24	24.67	54.23	13.68	52.64	16.87	57.00	0.00
ERP-11-7	11.88	0.00	3.67	51.37	1.64	55.03	4.85	14.43
ERP-11-13	50.44	43.06	9.74	0.00	20.18	37.64	0.00	62.03
ERP-15-13	0.00	29.89	50.00	3.86	14.54	0.00	33.36	52.98

2. 抗菌活性菌株的复筛

利用滤纸片法，对经过抑菌活性初筛所确定的8株活性内生真菌菌株的发酵代谢粗提物进行抗菌活性复筛。从表4-3可以看出，各内生真菌的发酵代谢粗提物对植物病原菌均有一定的抑制作用。通过复筛，得到抑菌作用较广的ELP-5-3、ELP-7-7、ELP-8-9、ELP-9-2、ELP-17-1、ESP-10-2、ERP-4-4、ERP-11-4为较优菌株。

表4-3 木豆内生真菌抗植物病原菌活性菌株复筛

内生真菌编号	抑菌圈大小							
	腐皮镰孢菌	大丽轮枝菌	瓜果腐霉	甜菜生尾孢菌	辣椒疫霉菌	核盘菌	稻瘟病菌	尖孢镰刀菌
ELP-5-3	-	+	+	-	-	-	++	-
ELP-7-7	+	-	+	+	+	+	++	++
ELP-8-9	++	-	++	+	++	+	++	+++
ELP-9-2	+	-	+	+	+	+	++	++
ELP-17-1	-	++	-	-	+	-	+	+
ESP-10-2	-	+	-	-	++	-	++	-
ERP-4-4	-	-	-	-	-	-	-	-
ERP-11-4	-	-	++	-	+	-	+	-

3. LC-MS/MS检测特异性产黄柄曲霉素的木豆内生真菌

通过LC-MS/MS定量捕捉黄柄曲霉素的方法，筛选得到ELP-7-7、ELP-8-9、ELP-9-2三株内生真菌特异性产黄柄曲霉素（图4-1）。从LC-MS/MS图谱中可以看出，三株木豆内生真菌提取物中目标化合物的出峰时间与标准品出峰时间一致。同时选取菌株ELP-8-9进行ESI-MS检测（图4-2），结果显示目标化合物与黄柄曲霉素标准品具有相同的分子碎片。通过连续检测三株木豆内生真菌黄柄曲霉素含量的变化，发现随着时间的延长，黄柄曲霉素的含量均呈下上升后下降的趋势（图4-3）。其中ELP-8-9菌株产生的黄柄曲霉素含量较高，培养4~6天时呈迅速上升的趋势，8天时相对稳定，随后呈逐渐下降的趋势。说明木豆内生真菌中黄柄曲霉素合成在菌体生长代谢的初级阶段，合成迅速，但随着时间的延长，逐渐分解或转化为其他成分。

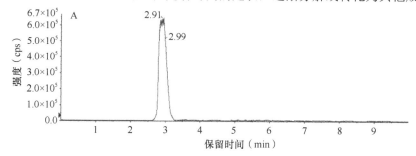

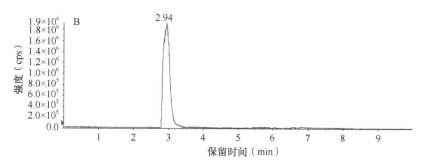

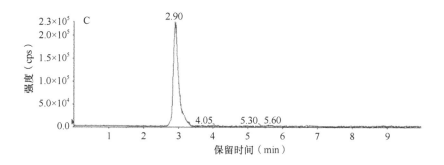

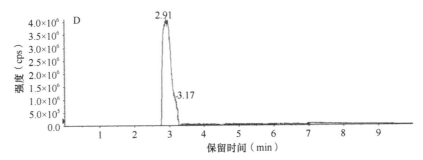

图4-1 特异性产黄柄曲霉素木豆内生真菌的LC-MS/MS图谱

A～C. 内生真菌ELP-7-7、ELP-8-9、ELP-9-2产黄柄曲霉素代表性LC-MS/MS色谱图；D. 黄柄曲霉素标准品

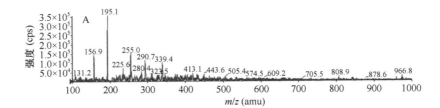

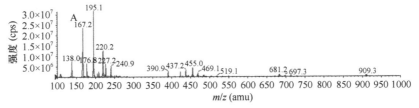

图4-2 特异性产黄柄曲霉素木豆内生真菌的ESI-一级质谱图

A. ELP-8-9内生真菌黄柄曲霉素提取物；B. 黄柄曲霉素标准品

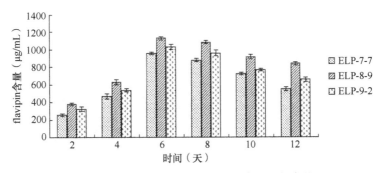

图4-3 木豆内生真菌产黄柄曲霉素含量的变化

4. 特异性产黄柄曲霉素木豆内生真菌的鉴定

3株特异性产黄柄曲霉素的内生真菌分离自木豆叶部，这3株内生真菌具有相似的菌落形态及孢子形态，3株木豆内生真菌在PDA固体培养基上的形态如图4-4A～C所示。3株内生真菌在PDA平板上3天后有菌落生长，菌落开始为白色薄絮状，生长约两周后菌落直径达到8cm，菌落表面呈灰褐色并开始出现大量的黑色小颗粒，背面呈琥珀色。挑取菌落经过乳酸石炭酸棉蓝染色液染色后在光学显微镜下观察如图4-4a～c所示。肉眼所见的小黑点为子囊壳，在显微镜下呈深棕色至黑色，球形或卵圆形，聚集或散生，大小为（250～300）μm×（200～280）μm，外有浓密的棕色或黑色附属丝。子囊孢子数目较多，呈暗褐色至棕色，柠檬形，两端略尖，大小为（8～10）μm×（6～9）μm，子囊孢子内含折光的小体。根据以上菌落形态与孢子形态特征判断3株内生菌与毛壳菌属相似。

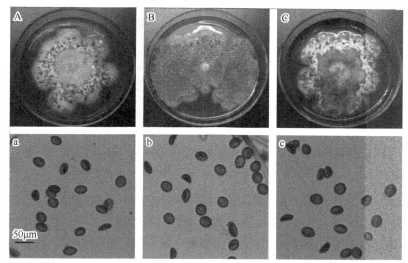

图4-4 产黄柄曲霉素内生真菌的PDA培养基菌落形态及光学显微镜下孢子形态（彩图请扫封底二维码）

A～C. 内生真菌ELP-7-7、ELP-8-9、ELP-9-2在PDA培养基上培养14天的形态特征；a～c. 内生真菌ELP-7-7、ELP-8-9、ELP-9-2孢子的显微特征

近几年随着分子生物学、分子遗传学及生物信息学的迅速发展，内生真菌的分类研究也由传统的形态学鉴定方法（包括菌株形态、孢子形态、产孢结构等）深入分子生物学水平鉴定方法。传统鉴定方法已经无法对一些特殊菌株进行准确定位，只能通过传统及分子生物学水平相结合才能准确地对菌株进行定位。PCR是体外酶促合成特异DNA片段的核酸合成技术，由高温变性、低温退火及适温延伸等几步反应组成一个周期，循环进行，促使目的DNA迅速扩增，具有特异性强、灵敏度高、操作简便、省时等诸多优点。这种方法可用于疾病诊断、药理研究（Lakeman and Whitley，1995），还可用于基因分离、克隆及核酸序列分析等基础研究。建立在

PCR基础上的新型技术被广泛用于内生真菌的鉴定及其系统发育分析,特别是ITS序列具有较高的突变速率,已被各国研究者公认为是生物类群种间水平的比较研究中较好的指标(Anderson and Cairney,2004)。

本研究进一步对3株内生真菌进行分子生物学鉴定,经过基因组DNA的提取及PCR扩增得到了ITS序列片段;经过1%琼脂糖凝胶电泳检测,在500～600bp处出现单一明亮条带即目的片段(图4-5)。目的片段经过回收纯化后送往生工生物工程(上海)股份有限公司进行测序,序列信息已提交至GenBank数据库,ELP-7-7、ELP-8-9及ELP-9-2的ITS rDNA序列的序列号分别为JN179080、JQ356540、JN179082。

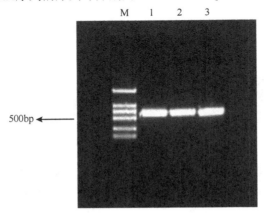

图4-5 特异性产黄柄曲霉素的木豆内生真菌PCR扩增产物凝胶电泳图

M:标准分子量标记;1. ELP-7-7;2. ELP-8-9;3. ELP-9-2

通过使用MEGA 4.1软件中的BLAST程序与NCBI中已知序列进行比对(http://www.ncbi.nlm.nih.gov/BLAST),筛选出同源性较高的典型菌株与3株内生真菌进行系统发育分析(表4-4),构建ITS系统发育树(图4-6)。通过分析,ELP-7-7、ELP-8-9与*Chaetomium globosum* JN582329具有很高的亲缘关系,相似度分别为100%和99%;ELP-9-2与*Chaetomium globosum* KF435034的相似度为86%。结合形态学鉴定结果,可以认定此3株木豆内生真菌为毛壳属球毛壳菌(*Chaetomium globosum*)。

表4-4 用于系统发育分析的菌株及其GenBank序列号

真菌分类	来源与作者	序列号
Chaetomium cruentum	Li and Wang,2012	JN209871
Chaetomium globosum	Zhu et al.,2011	JN582329
Chaetomium globosum	Shanthiyaa et al.,2011	JF826004
Chaetomium globosum	Sun et al.,2011	HQ914911
Chaetomium brasiliense	Wicklow et al.,2009	GU183109
Chaetomium cruentum	Asgari and Zare,2011	HM365266
Chaetomium globosum	Li et al.,2013	KF435034

注:该表信息皆来自网站https://blast.ncbi.nlm.nih.gov/Blast.cgi

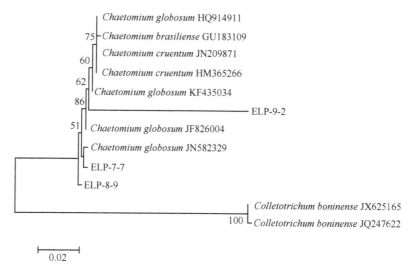

图4-6 特异性产黄柄曲霉素的木豆内生真菌ITS1-5.8S-ITS2序列的系统发育树构建

该树是使用相邻节点距离矩阵构建的。进化距离是使用最大复合可能性法计算的。节点上指示了引导程序值（1000个树交互）

4.5.2 特异性产黄柄曲霉素木豆内生真菌的发酵工艺优化

1. 特异性产黄柄曲霉素木豆内生真菌ELP-8-9的发酵条件单因素优化

内生真菌ELP-8-9发酵生产黄柄曲霉素，其产量受多种因素的影响。黄柄曲霉素作为一种真菌次级代谢产物，如果要提高其产量，必须有足够数量、生产能力强的菌体细胞，并且还要能尽量长时间地维持下去，因此菌体的生长是获得高产黄柄曲霉素的重要因素。在选择培养基时，必须考虑培养基对菌体生长的影响，如果营养物质过多，促进菌体大量生长，则抑制产物的合成，使产物产量降低；如果营养物质过少，菌体易衰老，产物合成能力下降从而产物量减少。因此，在本研究中，综合考虑菌体生长及产物量，以菌体生物量及黄柄曲霉素的含量作为筛选内生真菌ELP-8-9基础培养基的指标。

在不同发酵培养基中，内生真菌ELP-8-9的菌体生物量及黄柄曲霉素的产量有较大差异（图4-7A）。其中在PDB培养基中菌体生物量达到2.6g/L，而在其他发酵培养基中培养时，菌体生物量明显低于PDB培养基，表明此培养基对ELP-8-9的生长十分有利；同时，在PDB培养基中黄柄曲霉素的产量最高（852.37μg/L）。综合考虑，选择PDB培养基为内生真菌ELP-8-9的基础发酵培养基。

碳源是可以被微生物用来构成细胞的物质或各种代谢产物中碳骨架来源的营养物质，其能参与细胞内的生化反应，为细胞生命活动提供所需能量，选择最适碳源对提高代谢产物产量很重要。在碳源的选择上，本研究用不同的碳源代替原来PDB培养液中的葡萄糖进行了实验，结果表明不同碳源对黄柄曲霉素产量的影响不同

（图4-7B），葡萄糖最适于黄柄曲霉素的产生和菌体生物量的积累。

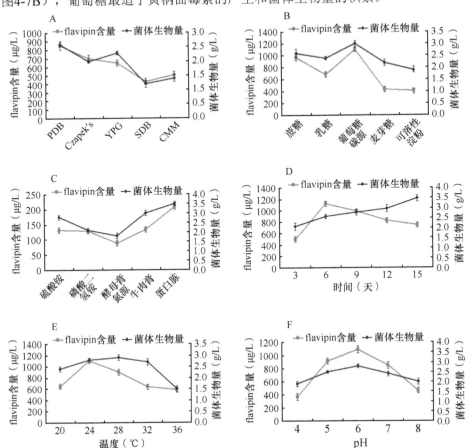

图4-7 不同发酵培养基（A）、碳源（B）、氮源（C）、培养时间（D）、培养温度（E）、初始pH（F）对黄柄曲霉素的产量及菌体生物量的影响

氮源能够提供生物有机体合成原生质和细胞其他结构的原料，是生命有机体生长发育必需的营养物质，微生物对氮源的利用具有选择性。不同氮源的加入对菌体生长虽然有利（蛋白胨最适于菌体的生长），却降低了黄柄曲霉素的产量（图4-7C）。内生真菌ELP-8-9在氮源充足的发酵培养基中不能充分表达黄柄曲霉素，可能与氮源对培养基酸碱度的影响有关。综上所述，选择PDB培养基作为基础发酵培养基，不仅营养丰富，能满足ELP-8-9的生长代谢，使黄柄曲霉素高产，而且基质的来源广、经济易得。

在发酵过程中选择合适的培养时间、温度和pH才能够使菌体的生长速度达到最快、代谢产物的产率达到最高。最适宜的培养时间为6天，此时黄柄曲霉素产量达到最大1129.89μg/L，而菌体生物量在15天时达到最大，为3.54g/L（图4-7D）。温度对微生物的影响是多方面的，其可以影响酶的活性，在最适温度范围内，随着温度的升高，菌体生长及代谢加快，产量升高；当超过最适温度范围，随着温度的升高，高温使酶失活，菌体衰老，产量下降。如图4-7E所示，在24℃和28℃时ELP-8-9的黄柄曲霉素产量和菌体生物量达到最大，分别为1103.24μg/L和2.86g/L。微生物的生长和代谢产物形成在很大程度上受pH影响，pH也是影响黄柄曲霉素合成的一个关键因素。pH的变化同样会影响酶活、微生物对基质的利用及细胞的结构，从而影响菌体生长和产物合成。ELP-8-9发酵培养的最优pH从图4-7F中可以看出，最适合黄柄曲霉素的产生和菌体生长的pH是6，在此条件下黄柄曲霉素的产量和菌体生物量为1089.56μg/L和2.80g/L。黄柄曲霉素的产生一定程度上受到菌体生物量的影响，但也不完全呈正相关。

2. 中心组合设计与响应面优化发酵液中黄柄曲霉素的含量

本研究的目的是通过优化培养条件提高黄柄曲霉素的产量。因为不同的培养条件可能影响黄柄曲霉素的合成与稳定，优化培养条件在黄柄曲霉素的合成中也起到了关键的作用。本研究采用中心组合设计与响应面优化的方法用于ELP-8-9菌株培养条件的优化。为了优化黄柄曲霉素的产量，基本培养基为PDB，以葡萄糖作为碳源，不加氮源。基于单因素实验结果，培养时间、温度和初始pH作为中心组合设计的3个优化因素，从模型中得到的20组实验设计总结在表4-5中。从表中可以看出，黄柄曲霉素的产量与预测值相近，证明了中心组合实验预测模型的准确性。

表4-5 不同培养条件下黄柄曲霉素产量的中心组合实验结果

实验组	因素			flavipin 产量（mg/L）	
	时间（天）	温度（℃）	pH	实验值	理论值
1	-1（3）	-1（20）	-1（5）	0.634	0.70
2	-1（3）	-1（20）	1（7）	0.633	0.64
3	-1（3）	1（28）	-1（5）	0.655	0.62
4	-1（3）	1（28）	1（7）	0.812	0.85
5	1（9）	-1（20）	-1（5）	1.167	1.13
6	1（9）	-1（20）	1（7）	0.654	0.69
7	1（9）	1（28）	-1（5）	0.975	0.97
8	1（9）	1（28）	1（7）	0.889	0.82
9	-1.68（0.95）	0（24）	0（6）	0.974	0.92
10	1.68（11.05）	0（24）	0（6）	1.195	1.25
11	0（6）	-1.68（17.27）	0（6）	0.611	0.57
12	0（6）	1.68（30.73）	0（6）	0.567	0.61

续表

实验组	因素			flavipin产量（mg/L）	
	时间（天）	温度（℃）	pH	实验值	理论值
13	0（6）	0（24）	-1.68（4.32）	0.882	0.89
14	0（6）	0（24）	1.68（7.68）	0.725	0.72
15	0（6）	0（24）	0（6）	1.232	1.21
16	0（6）	0（24）	0（6）	1.254	1.21
17	0（6）	0（24）	0（6）	1.196	1.21
18	0（6）	0（24）	0（6）	1.181	1.21
19	0（6）	0（24）	0（6）	1.221	1.21
20	0（6）	0（24）	0（6）	1.154	1.21

利用软件Design Expert对实验结果进行数据模拟，所得的以黄柄曲霉素产量为目标函数的回归方程为：

$$Y=1.21+0.097X_1+0.012X_2-0.052X_3-0.020X_1X_2-0.094X_1X_3+0.073X_2X_3-0.043X_1^2-0.22X_2^2-0.14X_3^2 \quad (4-2)$$

式中，Y为黄柄曲霉素产量；X_1为培养时间；X_2为培养温度；X_3为初始pH。

该方程的方差分析数据结果如表4-6所示，其中$P<0.01$表示显著，$P<0.005$表示非常显著。

表4-6　二次中心组合设计方差分析表

来源	平方和	自由度	均方	F值	P值	显著性
模型	1.18	9	0.13	41.77	<0.0001	显著
X_1	0.13	1	0.13	40.72	<0.0001	
X_2	2.133×10^{-3}	1	2.133×10^{-3}	0.68	0.4294	
X_3	0.037	1	0.037	11.69	0.0066	
X_1X_2	3.081×10^{-3}	1	3.081×10^{-3}	0.98	0.3457	
X_1X_3	0.071	1	0.071	22.65	0.0008	
X_2X_3	0.043	1	0.043	13.60	0.0042	
X_1^2	0.027	1	0.027	8.58	0.0151	
X_2^2	0.68	1	0.68	217.57	<0.0001	
X_3^2	0.29	1	0.29	92.95	<0.0001	
失拟项	0.025	5	4.965×10^{-3}	3.74	0.0869	不显著
R^2	0.9741					

模型失拟项表示的是模型预测值与实际值不拟合的概率,通过方差分析结果可知,该模型失拟项的P值为0.0869,说明失拟项差异不显著。该模型显著性检验的$P<0.0001$,说明其拟合度显著,此模型建立的回归方程能较好地解释响应结果并预测最佳培养条件。此外,在方差分析中F值越大,表明实验因素对指标的影响越大。根据各因素的F值,对黄柄曲霉素产量影响最大的是培养时间,其次是初始pH,最后是培养温度。

通过软件Design Expert分析,预测出最优培养条件为:培养时间8.49天,培养温度24.15℃,初始pH 5.56,黄柄曲霉素的产量1.285mg/L。考虑到实际操作的方便,将各因素修正为:培养时间8天,培养温度24℃,初始pH 5.6。在修正条件下对试验结果进行验证试验,黄柄曲霉素的产量1.267mg/L±0.032mg/L,此实际结果与理论预测值相近,表明模型合理有效。

在对培养条件进行优化后,本研究利用响应面分析法(RSM)对培养时间、温度和初始pH在黄柄曲霉素产生过程中两两之间的影响进行三维曲面模拟并进行分析,模拟结果如图4-8所示。利用该组动态模型不仅可以评价各因素之间对黄柄曲霉素产生的影响,还可以确定各因素的最佳水平及组合。

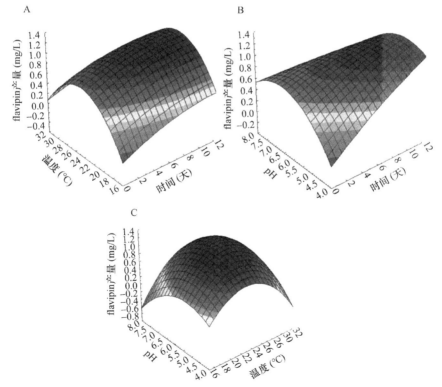

图4-8　木豆内生真菌菌株ELP-8-9产黄柄曲霉素的响应面优化(彩图请扫封底二维码)

A. 培养时间和温度;B. 培养时间和初始pH;C. 培养温度和pH

图4-8A描述了培养时间和温度在黄柄曲霉素产生过程中的交互作用。培养时间对黄柄曲霉素产量的影响最大，随着时间的变化（3~9天）伴随着温度的升高（20~24℃），黄柄曲霉素的产量也升高。然而当培养时间超过10天同时温度持续升高的情况下，黄柄曲霉素含量却有所下降。随着培养时间的延长，发酵培养基中的养分已基本耗尽，菌体衰老，合成黄柄曲霉素的能力下降从而其合成量减少。温度的持续升高可以使某些酶失活，同样会导致黄柄曲霉素的产量下降。

从图4-8B中可以看出培养时间和pH在黄柄曲霉素产生过程中的交互作用。当培养时间从3天到9天，pH从4到6时，黄柄曲霉素的产量有所提高；当培养时间逐渐延长，pH由6到8时，黄柄曲霉素产量有所下降。适宜的pH能够帮助真菌的生长并刺激黄柄曲霉素合成过程中关键酶的酶活，从而有利于黄柄曲霉素的合成。

培养温度和pH在黄柄曲霉素产生过程中的交互作用如图4-8C所示。随着温度的升高（20~24℃），伴随着pH的变化（4~6），黄柄曲霉素产量增加。培养温度持续升高（24~32℃）及pH持续变化（6~8），黄柄曲霉素产量下降。结果说明培养温度和pH同样能够影响黄柄曲霉素的产量。适宜的pH和培养温度能够提供适宜的环境包括充足的底物和适宜的酶来供菌体生长和黄柄曲霉素的表达。

4.5.3 特异性产黄柄曲霉素内生真菌发酵产物的分离纯化

1. 中压正相柱层析纯化、结晶与重结晶

木豆内生真菌发酵提取物经过乙酸乙酯萃取后，经过一次中压正相柱层析后，得到富含黄柄曲霉素的粗品。为了用于结构鉴定等工作，其纯度还有待于提高。本研究选取结晶与重结晶的方法来进一步提高黄柄曲霉素的纯度。结晶的溶剂为乙酸乙酯，重结晶的溶剂为乙酸乙酯-正己烷。

结果表明，经过乙酸乙酯溶解、室温静置、析晶等过程，获得黄色晶体，为获得更好纯度的产品，用乙酸乙酯-正己烷体系进行多次重结晶，最后得到纯度为97.35%的黄柄曲霉素单体产品，黄柄曲霉素产品的高效液相色谱图如图4-9所示。

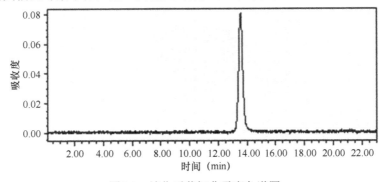

图4-9 纯化后黄柄曲霉素色谱图

2. 结构鉴定

该化合物的理化性质和ESI-MS、^{1}H-NMR及^{13}C-NMR的结果如下：黄色结晶（甲醇），三氯化铁反应呈绿色说明含有酚羟基，紫外254nm吸收明显。ESI-MS在负离子扫描模式下，得到分子离子峰［m/z 195.1［M-H］$^-$］。当设定仪器的碰撞及诱导解离电压为-27V时，通过二级质谱分析获得的主要碎片离子为：m/z 166.9，从而确定其分子式为$C_9H_8O_5$（图4-10、图4-11）。

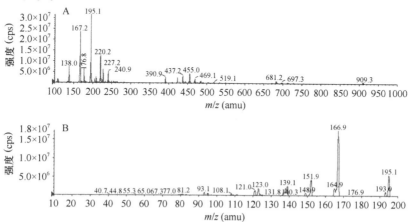

图4-10 黄柄曲霉素的一级（A）和二级（B）质谱图

图4-11 黄柄曲霉素的结构式

采用^{1}H-NMR谱分析进一步确认该化合物的结构，如图4-12所示，^{1}H-NMR（400MHz, DMSO）：δH 10.3（s, 1H, H-CHO），10.2（s, 1H, H-CHO），2.5（s,

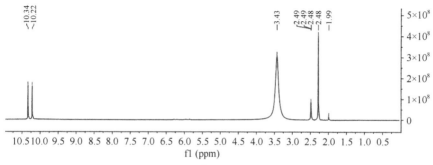

A

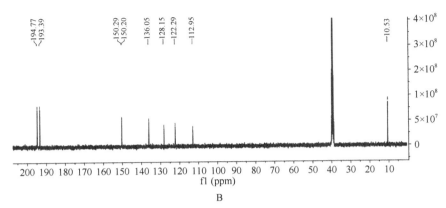

图4-12 黄柄曲霉素的 ^{1}H-NMR波谱（400MHz，DMSO）（A）和 ^{13}C-NMR波谱（100MHz，DMSO）（B）

3H，H-Me）； ^{13}C-NMR（100MHz，DMSO）：δC 194.9（d，C-CHO），193.4（d，C-CHO），150.3（s，C-1），150.2（s，C-3），136.1（s，C-2），128.2（s，C-5），122.3（s，C-6），113.0（s，C-4），10.5（q，C-Me）。上述波谱数据与文献报道的flavipin一致，因此确定该化合物为黄柄曲霉素。

4.5.4 特异性产黄柄曲霉素木豆内生真菌的生物防治应用

1. 黄柄曲霉素对病原真菌菌丝生长的影响

如图4-13所示，黄柄曲霉素对尖孢镰刀菌菌丝生长具有明显的抑制作用，可观察到在PDA平板上牛津杯周围出现了明显的抑菌圈，测量抑菌圈直径可达25.8mm±0.5mm，说明黄柄曲霉素对尖孢镰刀菌表现出了很高的拮抗活性，随着黄柄曲霉素浓度的增大，抑菌圈增大，拮抗活性高。

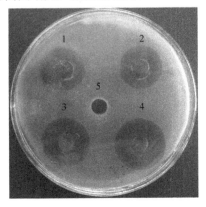

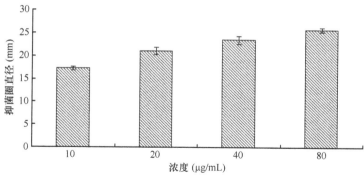

图4-13　黄柄曲霉素对尖孢镰刀菌菌丝生长的抑制效果（彩图请扫封底二维码）

1. 10μg/mL；2. 20μg/mL；3. 40μg/mL；4. 80μg/mL；5. 空白对照

2. 黄柄曲霉素对病原真菌孢子萌发的影响

由表4-7可以看出，当黄柄曲霉素的浓度为80μg/mL时，孢子萌发抑制率可达到91.5%，而当浓度为10μg/mL时，孢子萌发抑制率为20.3%，说明黄柄曲霉素对尖孢镰刀菌孢子萌发的抑制作用明显，并且抑制作用随黄柄曲霉素浓度增高而逐渐增强。

表4-7　黄柄曲霉素对尖孢镰刀菌孢子萌发的影响

浓度（μg/mL）	孢子萌发率（%）	抑制率（%）
0	98.0	0
10	82.6	20.3
20	54.4	48.7
40	27.1	84.2
80	11.0	91.5

3. 黄柄曲霉素对病原真菌细胞膜通透性的影响

电导率的变化能够反映细胞膜通透性的改变，如图4-14所示，不同浓度黄柄曲霉素对尖孢镰刀菌菌丝细胞膜通透性都有一定的影响。空白对照及各组处理菌丝培养液的电导率都表现为随处理时间的延长而逐渐升高，但相对而言，空白对照的电导率变化比较平缓，而由不同浓度黄柄曲霉素处理的菌丝培养液的电导率变化显著。所有处理组的电导率均高于空白对照，说明尖孢镰刀菌菌丝细胞膜受破坏程度随黄柄曲霉素浓度的增加而增大。在60min以后处理的各组菌丝培养液变化较为稳定，当抑菌物质浓度为10μg/mL、20μg/mL、40μg/mL时，电导率在30min之内变化较大，而当抑菌物质浓度为80μg/mL处理60min时，电导率达到最大为3.72ms/cm。综上所述，随着黄柄曲霉素浓度的增加,其对尖孢镰刀菌细胞膜通透性影响越来越大,尖孢镰刀菌菌丝电解质渗漏导致菌丝培养液电导率升高,并且这种效果随着处理时间的延长更加明显。

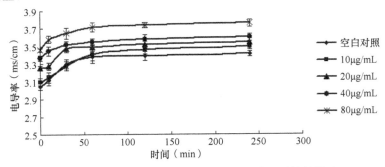

图4-14　黄柄曲霉素对尖孢镰刀菌细胞膜通透性的影响

4. 黄柄曲霉素对病原真菌菌丝脂质过氧化的影响

丙二醛（MDA）是细胞膜脂质过氧化的产物,MDA含量可以反映细胞膜受损程度,丙二醛含量越高,说明细胞膜脂质过氧化的程度越高,细胞膜的受损程度越大。MDA是水溶性小分子,细胞膜破损时会释放到细胞外的培养液中（Choi et al., 1996）。由图4-15可看出,经过黄柄曲霉素处理后,尖孢镰刀菌菌丝细胞膜的脂质过氧化产物MDA含量明显增加,且高于对照,当抑菌物质浓度为80μg/mL时,细胞膜脂质过氧化产物MDA含量达到最大。可见,随着黄柄曲霉素浓度的升高,MDA含量逐渐上升,表明尖孢镰刀菌细胞膜损坏程度越来越大。

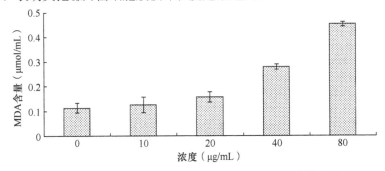

图4-15　黄柄曲霉素对尖孢镰刀菌菌丝MDA含量的影响

5. 黄柄曲霉素对大豆根腐病的盆栽防治效果测定

试验结果表明,黄柄曲霉素可显著地降低大豆根腐病病情指数（$P<0.05$）,经方差分析与对照差异显著,当黄柄曲霉素浓度为80μg/mL、100μg/mL时15天的防效分别为81.25%、85.14%,与对照多菌灵10μg/mL溶液的防效89.76%效果相当（表4-8）。

表4-8 黄柄曲霉素和多菌灵的施用对大豆根腐病的防治效果（%）

处理	病情指数	防治效果
空白	69.21	0
20μg/mL	58.56	40.23
40μg/mL	46.35	55.67
80μg/mL	33.17	81.25
100μg/mL	29.04	85.14
多菌灵	25.62	89.76

由图4-16可见黄柄曲霉素对大豆根腐病的防治效果，与对照组相比，各处理组大豆根腐病的出现显著降低，感染尖孢镰刀菌的大豆植株生长缓慢，高度矮于各处理

图4-16 黄柄曲霉素防治大豆根腐病的效果图（彩图请扫封底二维码）

A. 大豆植株生长情况：A1. 只接种尖孢镰刀菌，A2. 接种黄柄曲霉素与尖孢镰刀菌，A3. 正常生长的大豆植株；
B. 大豆植株根部的变化：B1. 只接种尖孢镰刀菌，B2. 接种黄柄曲霉素与尖孢镰刀菌，B3. 正常生长的大豆植株

组。观察其根部的变化，对照组植株根部感染严重，有少量的根系并且部分已经变成黑褐色。感染植株的根系密度差从而限制了植株的生长，病苗矮瘦。各处理组接种的植株生长良好，根部没有出现染病症状。此外，当黄柄曲霉素浓度为100μg/mL时，对大豆植株的生长没有任何影响，没有表现出植物毒性。因此，黄柄曲霉素具有在田间抑制大豆根腐病的应用潜力。

参 考 文 献

郭永霞, 袁昕, 辛惠甫, 等. 2006. 多菌灵与福美双不同比例混剂拌种对大豆根腐病的防治试验. 黑龙江农业科学, 2: 38.

梁艳. 2010. 内蒙古中西部针叶树内生真菌的研究. 内蒙古农业大学硕士学位论文.

Anderson IC, Cairney JWG. 2004. Diversity and ecology of soil fungal communities: Increased understanding through the application of molecular techniques. Environ Microbiol, 6: 769-779.

Asgari B, Zare R. 2011. The genus *Chaetomium* in Iran, a phylogenetic study including six new species. Mycologia, 103(4): 863-882.

Choi GJ, Lee HJ, Cho KY. 1996. Lipid peroxidation and membrane disruption by vinclozolin in dicarboximide-susceptible and resistant isolates of *Botrytis cinerea*. Pestic Biochem Physiol, 55: 29-39.

Lakeman FD, Whitley RJ. 1995. Diagnosis of herpes simplex encephalitis: Application of polymerase chain reaction to cerebrospinal fluid from brain-biopsied patients and correlation with disease. J Infect Dis, 171: 857-863.

Varga J, Tóth B, Rigó K, et al. 2000. Phylogenetic analysis of *Aspergillus* section *Circumdati* based on sequences of the internal transcribed spacer regions and the 5.8S rRNA gene. Fungal Genetics and Biology, 30(1): 71-80.

Wang XW, Lombard L, Groenewald JZ, et al. 2016. Phylogenetic reassessment of the *Chaetomium globosum* species complex. Persoonia Molecular Phylogeny & Evolution of Fungi, 36: 83-133.

Shanthiyaa V, Saravanakumar D, Rajendran L, et al. 2013. Use of Chaetomium globosum for biocontrol of potato late blight disease. Crop Protection, 52: 33-38.

第5章 特异性木豆内生真菌发酵生产漆酶及其染料脱色应用

5.1 特异性产漆酶木豆内生真菌的筛选及鉴定过程

5.1.1 特异性产漆酶木豆内生真菌的筛选

1. 培养基及相关试剂的配制

鉴别培养基：将0.01%（w/V）愈创木酚和50μmg/L氨苄青霉素加入灭菌的PDA培养基中。

复筛培养基：20g/L葡萄糖，200g/L马铃薯浸汁，10g/L蛋白胨，3g/L KH_2PO_4，1.5g/L $MgSO_4·7H_2O$，0.01g/L 维生素B_1，0.1mmol/L $CuSO_4·5H_2O$，在121℃条件下，高压高温灭菌20min。

基础发酵培养基：20g/L葡萄糖，200g/L马铃薯浸汁，10g/L蛋白胨，3g/L KH_2PO_4，1.5g/L $MgSO_4·7H_2O$，0.01g/L维生素B_1，0.1mmol/L $CuSO_4·5H_2O$，在121℃条件下，高压高温灭菌20min。

乳酸石炭酸棉蓝染色液：称取石炭酸20g，放入20mL蒸馏水中加热溶解，然后缓慢滴加密度为1.21g/cm³的乳酸20mL和甘油40mL，最后加入0.05g棉蓝，混合均匀。

50×Tris-乙酸（TAE）电泳缓冲液：用去离子水将Tris 242g、0.50mol/L EDTA（pH 8.0）100mL和冰醋酸57.1mL定容到1L备用。实验中稀释成1×TAE。

1%琼脂糖凝胶的配制：在20mL 1×TAE电泳缓冲液中加入0.2g琼脂糖，加热使其溶解，至沸腾混匀为止，并且重复3次；冷却到室温，再加入GelRed核酸凝胶染色剂（10 000×）5μL，充分混合均匀后倒入胶槽内，插上配套梳子，凝固后备用。

乙酸-乙酸钠缓冲液：用蒸馏水将5.8mL冰醋酸定容至1L（A液）；用蒸馏水将13.6g无水乙酸钠定容至1L（B液），用B液将A液的pH调到4.5，即得0.1mmol/L乙酸-乙酸钠缓冲液。

2. 菌种活化

用新鲜的PDA平板，将保藏在4℃冰箱中的木豆内生真菌菌株R1-185分别接种于其中，并在30℃恒温培养箱中培养5~7天。

3. 产漆酶菌株初筛

（1）无菌条件下，在超净工作台内，在菌落边缘用直径5mm的打孔器打取木豆内生真菌的菌丝块，并将其接种于鉴别培养基平板上培养。作为阴性对照，将木豆内生真菌菌丝块单独放置于PDA平板上培养，每组重复3次，然后将平板在30℃恒温培养箱中培养3～5天。

（2）通过鉴别培养基观察各木豆内生真菌是否有红色显色圈形成，若有显色圈形成，需记录显色圈大小。

4. 产漆酶菌株复筛

选取上一步有颜色反应的菌株进行发酵培养，进一步复筛产漆酶的菌株。无菌条件下，在超净工作台内，先将复筛的菌株分别接种在新鲜的PDA平板上，在30℃恒温培养箱中培养5～7天，然后在活化菌株的菌落边缘打取直径为5mm的菌丝块，将其接种于装有50mL复筛培养基的250mL三角瓶中，在30℃的恒温摇床上以120r/min振荡培养得各菌株发酵液。用8层纱布过滤发酵液，以10 000r/min在4℃条件下离心10min，上清液即粗酶液，并保存于4℃冰箱中备用。

5.1.2 漆酶酶活测定

利用ABTS法进行漆酶酶活检测（王玉兵，2012）。总反应体系3mL中含pH为4.5、0.1mol/L乙酸-乙酸钠缓冲液2.8mL，浓度为1mmol/L的ABTS溶液0.1mL和0.1mL漆酶酶液。在开始反应的3min内，测定420nm处反应液吸光度变化量；对照组为煮沸灭活的酶液。该条件下，以1μmol/min转化ABTS氧化所需的酶量为一个酶活力单位（U），漆酶活力计算公式为：

$$酶活力（U/L）= \frac{\Delta OD \times V_{总} \times 10_6 \times n}{\varepsilon \times V_{酶} \times \Delta t} \quad (5-1)$$

式中，ΔOD为3min内420nm处反应液的吸光度变化量；$V_{总}$为总反应液体积，n为稀释倍数；ε为氧化态ABTS的摩尔吸光系数36 000L/(mol·cm)；$V_{酶}$为酶液体积；Δt为反应时间。

5.1.3 特异性产漆酶木豆内生真菌的鉴定

同第2章2.2节。

5.1.4 统计学处理

采用Statistica 7.0对所有实验结果进行统计学意义分析，$P<0.01$的条件视为具有显著差异。

5.2 特异性产漆酶木豆内生真菌的发酵工艺优化设计

5.2.1 主要培养基及有关试剂的配制

种子培养基：3g/L酵母粉、20g/L葡萄糖，5g/L蛋白胨，3g/L KH_2PO_4和1.5g/L

$MgSO_4 \cdot 7H_2O$，培养基为自然pH，121℃条件下，高压高温灭菌20min。

发酵培养基：见表5-1。

表5-1　几种发酵培养基的组成配方

培养基序号	组成配方
培养基1	10g/L酵母膏，20g/L蛋白胨和20g/L葡萄糖，将培养基pH通过0.1mol/L NaOH和0.1mol/L H_2SO_4调节到7.0
培养基2	30g/L蔗糖，3g/L $NaNO_3$，1g/L K_2HPO_4，0.5g/L KCl，0.5g/L $MgSO_4 \cdot 7H_2O$和0.1g/L $FeSO_4$，将培养基pH通过0.1mol/L NaOH和0.1mol/L H_2SO_4调节到7.2
培养基3	5g/L玉米粉，0.1g/L蛋白胨，1g/L葡萄糖，培养基为自然pH
培养基4	40g/L葡萄糖，10g/L蛋白胨和5g/L麦芽膏，培养基为自然pH
培养基5	20g/L葡萄糖，200g/L马铃薯浸汁，10g/L蛋白胨，3g/L KH_2PO_4，1.5g/L $MgSO_4 \cdot 7H_2O$，0.01g/L维生素B_1，0.1mmol/L $CuSO_4 \cdot 5H_2O$，培养基为自然pH

乙酸-乙酸钠缓冲液：用蒸馏水将5.8mL冰醋酸定容至1L（A液）；用蒸馏水将13.6g无水乙酸钠定容至1L（B液），用B液将A液的pH调到4.5，即得0.1mmol/L乙酸-乙酸钠缓冲液。

5.2.2　内生真菌R-37培养

1. 种子液制备

将R-37菌丝从斜面上挑取部分至新鲜PDA培养基上活化5～6天后，取3个5mm×5mm大小的木豆内生真菌放置于装液量为100mL（容量为250mL）的三角瓶中的种子培养基，在30℃、120r/min振荡条件下培养3天。

2. 发酵培养

将培养好的种子液混匀后，以3%（V/V）的比例接种于装液量50mL（容量为250mL）的三角瓶中的基础发酵培养基，在30℃、120r/min振荡条件下培养。第1天开始测定发酵液的漆酶活力和菌体生物量。所有试验处理均设置3个重复。

5.2.3　漆酶酶活测定

同5.1.2漆酶酶活测定方法。

5.2.4　菌体生物量测定

采用菌体干重方法。取离心后的菌体沉淀，用蒸馏水冲洗3次，置于50℃烘箱烘干至恒重，称其质量（以g/L表示）。

5.2.5 内生真菌R-37发酵条件单因素优化

1. 不同发酵培养基对菌株产酶的影响

采用不同的发酵培养基（表5-1）对菌株R-37进行发酵培养，最大限度地释放产酶潜力，5天后测定漆酶活力，探究不同发酵培养基对菌株产酶的影响，确定最佳发酵培养基。

2. 碳源种类对菌株产酶的影响

采用蔗糖、淀粉、麦芽糖和乳糖作为碳源，分别取代筛选出的发酵培养基中的葡萄糖，碳源浓度为20g/L，发酵培养基中的其他成分不变。对菌株R-37进行发酵培养，5天后测定漆酶活力，研究不同碳源对菌株产酶的影响，确定最佳碳源种类。

3. 氮源种类对菌株产酶的影响

采用牛肉膏、酵母粉、氯化铵和硝酸铵作为氮源，分别取代筛选出的发酵培养基中的蛋白胨，氮源浓度为10g/L，发酵培养基中的其他成分不变。对菌株R-37进行发酵培养，5天后测定漆酶活力，研究不同氮源对菌株产酶的影响，确定最佳氮源种类。

4. 温度对菌株产酶的影响

将发酵温度分别为设置24℃、26℃、28℃、30℃、32℃、34℃和36℃，测定漆酶活力，比较不同温度对菌株产酶的影响。

5. 培养基初始pH对菌株产酶的影响

将培养基初始pH分别调整至3.0、4.0、5.0、6.0、7.0、8.0和9.0，测定漆酶活力，比较不同pH条件下对菌株的产酶情况。

5.2.6 中心组合设计与响应面优化漆酶的产量

通过上述实验发现显著影响菌株R-37产漆酶能力的因素分别是培养时间、温度及培养基初始pH。因此，选取3因素5水平的中心组合设计及响应面优化实验对其发酵条件进一步优化，使漆酶产量达到最大值（表5-2）。

表5-2 中心组合设计因素和水平表

因素	水平				
	−1.68	−1	0	1	1.68
时间（天）	0.64	2	4	6	7.36
温度（℃）	26.64	28	30	32	33.34
pH	4.32	5	6	7	7.68

5.2.7 统计学处理

采用Statistica 7.0对所有实验结果进行统计学意义分析,$P<0.01$的条件视为具有显著差异。

5.3 特异性产漆酶木豆内生真菌的染料脱色的应用

5.3.1 试剂配制

1. 磷酸氢二钠-柠檬酸缓冲液

A液:0.1mol/L柠檬酸溶液,用蒸馏水将21.01g柠檬酸($C_6H_8O_7 \cdot H_2O$,分子量为210.14g/mol)溶解定容至1L。

B液:0.1mol/L磷酸氢二钠溶液,称取磷酸氢二钠14.20g(Na_2HPO_4,分子量为141.98g/mol)加入蒸馏水溶解,定容至1L。

以适当的比例混合A液和B液。

2. ABTS溶液

ABTS溶液要求避光保存。实验时配制ABTS母液备用:称取0.0275g ABTS,倒入灭菌的蒸馏水中,充分溶解,定容至10mL后即5mmol/L ABTS溶液,置于棕色瓶中放入−20℃冰箱保存。

3. 染料溶液配制

分别称取1g染料,加入蒸馏水定容至1L,并放入超声波中振荡破碎,配制成1g/L的母液,然后根据所需浓度稀释母液。

5.3.2 漆酶酶活测定

同5.1.2节漆酶酶活测定方法。

5.3.3 最适反应温度及热稳定性

通过25~75℃水浴条件下的酶解反应,按5.1.2节中的方法测定酶活,以酶活最高者为100%,考察不同温度下漆酶的活力。分别将酶液置于上述不同温度中保温2h,迅速冷却,然后在30℃下测定剩余酶活,保温前的酶活定为100%。

5.3.4 最适反应pH及pH稳定性

用pH为3.5~8.5的磷酸氢二钠-柠檬酸缓冲液分别进行酶解反应,按5.1.2节中的方法测定酶活,以酶活最高者为100%,考察不同pH条件下漆酶的活力。分别将酶液放入上述不同的pH缓冲液中，30℃下保温2h后，在pH 4.5下测定剩余酶活，处理前的酶活定为100%。

5.3.5 染料脱色体系的建立

脱色实验总体积为25mL，它是由磷酸氢二钠-柠檬酸缓冲液、染料、ABTS和漆酶组成的反应体系。首先将不同染料的母液用磷酸氢二钠-柠檬酸缓冲液稀释成合适的浓度后再加入ABTS，然后将漆酶粗酶液加入其中，在恒温水浴中脱色，期间定时取样，测定各反应液在相应染料的最大吸收波长λ_m处的吸光值OD，计算脱色率。以等量灭活的酶液为对照。

5.3.6 染料脱色率的测定

根据在一定浓度范围内，染料在最大吸收波长的吸光值OD与染料浓度的正比关系，染料浓度的变化可通过OD的变化来反映。脱色率的计算公式为：

$$脱色率（\%） = (A_0 - A_t)/A_0 \times 100\% \tag{5-2}$$

式中，A_0和A_t分别为对照样和脱色反应后t时刻染料溶液在最大吸收波长处的吸光值，测定波长见表5-3。

表5-3 染料的特征和性质

染料	类型	分子结构	分子式	分子量	最大吸收波长（nm）
刚果红	偶氮		$C_{32}H_{22}N_6Na_2O_6S_2$	696.66	497

续表

染料	类型	分子结构	分子式	分子量	最大吸收波长（nm）
结晶紫	三苯甲烷	Cr	$C_{25}H_{30}N_3Cl$	407.98	577

5.3.7 统计学处理

采用 Statistica 7.0 对所有实验结果进行统计学意义分析，$P<0.01$ 的条件视为具有显著差异。

5.4 结果与讨论

5.4.1 特异性产漆酶木豆内生真菌的筛选及鉴定

1. 平板初筛

将木豆内生真菌分别接种至鉴别培养基和 PDA 培养基上，培养 3 天后，菌株生长良好，其中在鉴别培养上 R-26、R-37 和 R-45 这 3 株菌落周围有红褐色变色圈，而且颜色相对较深（图 5-1），因这些菌株胞外分泌的漆酶能使愈创木酚变为红褐色。为了获得产酶活力高、周期短的菌株，将菌株 R-26、R-37 和 R-45 进一步用液态培养复筛，测定漆酶活力。

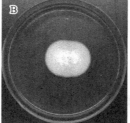

 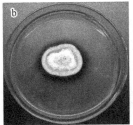 

图5-1 特异性产漆酶木豆内生真菌的平板初筛（彩图请扫封底二维码）

A、a. R-26；B、b. R-37；C、c. R-45，其中A、B和C平板中的PDA不含有愈创木酚，a、b和c平板中的PDA含有愈创木酚

2. 摇瓶复筛

将菌株R-26、R-37和R-45分别用液态发酵培养基摇瓶进一步复筛，30℃、120r/min振荡培养5天后，测定其酶活，结果如表5-4所示，菌株R-37漆酶酶活达到9.36U/mL±0.11U/mL，明显高于菌株R-26和R-45。说明菌株R-37产漆酶的能力强于另外两种菌株。因此，菌株R-37被选为后续实验菌株。

表5-4 不同菌株液态发酵的漆酶酶活（U/mL）

菌株编号	变色圈深浅	漆酶酶活
R-37	+++	9.36±0.11
R-26	++	8.23±0.08
R-45	++	7.05±0.12

3. 特异性产漆酶木豆内生真菌的鉴定

3株特异性产漆酶的木豆内生真菌具有相似的菌落形态特征和孢子形态特征（图5-2A~C）。3株内生真菌菌落在PDA平板上开始为白色绒毛状，并且菌丝向四周扩散生长，培养4天后长有分生孢子座，出现淡绿色的分生孢子，生长约10天后菌落直径达到8cm，菌落表面呈墨绿色并开始出现大量的黑色小颗粒，背面呈黄褐色，菌落质地较稠密，外观干燥不透明。挑取菌落经过乳酸石炭酸棉蓝染色液染色后观察如图5-2a~c所示，在显微镜下，内生真菌的孢子为宽梭状，顶端钝尖，基部平截，大小为（7~10）μm×（3~6）μm。根据以上菌落形态与孢子形态特征判断3株内生菌与漆斑菌属（*Myrothecium* sp.）相似（吴文平，1991）。

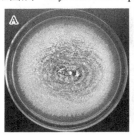 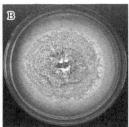 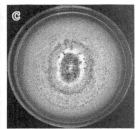

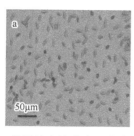 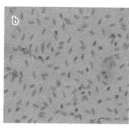 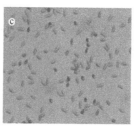

图5-2　特异性产漆酶木豆内生真菌的PDA培养基菌落形态（A～C）和孢子形态（a～c）
（彩图请扫封底二维码）

随着生物信息学、分子遗传学和分子生物学的快速发展，更多真菌被发现并被利用，对内生真菌种群的分类研究方法也有了新进展，开始从传统的形态学鉴定向分子生物学鉴定方向转变，目前，常结合分子生物学和传统形态学对内生真菌菌群分类地位和种属关系进行鉴定。PCR是一种核酸合成技术，该技术在体外条件下就能合成特异DNA片段且简便省时。目前已被应用到疾病诊断、基因分离、药理研究、DNA序列分析和基因克隆等领域（Lakeman and Whitley，1995）。根据PCR技术，在内生真菌种群分类鉴定和种属地位分析中，更多新型技术被广泛应用（Larriba et al.，2014）。ITS序列的高突变频率特性已被认为是一种确定生物类群种间水平的指标（Zhang et al.，2014）。

根据分子生物学鉴定方法，先提取木豆内生真菌基因组DNA，然后以ITS序列为引物，利用PCR技术扩增目的片段DNA，最后在浓度为1%的琼脂糖凝胶电泳上检测，结果显示，在500bp左右处有明亮且单一的条带（图5-3），即目的片段DNA。依据要求回收纯化目的片段，送至生工生物工程（上海）股份有限公司北京分公司测序，3株菌的ITS序列信息已提交至GenBank数据库，R-26、R-37和R-45的ITS rDNA序列的序列号分别为KJ026703、JQ356542和KJ026704。

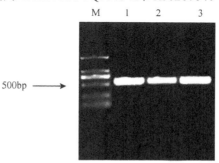

图5-3　特异性产漆酶木豆内生真菌PCR扩增产物凝胶电泳图
M：标准分子量标记；1. R-26；2. R-37；3. R-45

利用MEGA 4.1软件中的BLAST程序与NCBI（http://www.ncbi.nlm.nih.gov/

BLAST)中已知序列比对,利用与3株特异性产漆酶木豆内生真菌同源性较高的菌株进行系统发育树分析,构建系统发育树(图5-4)。结果显示这3株菌与漆斑菌属疣孢漆斑菌(*Myrothecium verrucaria*)的同源性都超过66%,结合形态学鉴定结果确定这3株特异性产漆酶的木豆内生真菌为*Myrothecium verrucaria*。

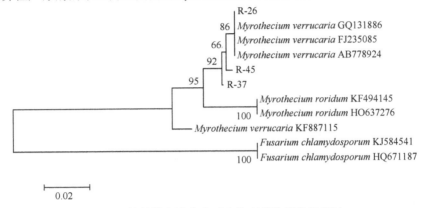

图5-4 特异性产漆酶木豆内生真菌的系统发育树

5.4.2 特异性产漆酶木豆内生真菌的发酵工艺优化

1. 不同发酵培养基种类对菌株产酶的影响

从图5-5可看出,培养基5作为发酵培养基时漆酶的活力最高,为11.37U/mL±0.19U/mL,且其生物量也最高;其余4种培养基发酵时漆酶活力都较低,酶活大小依次为培养基5＞培养基4＞培养基1＞培养基2＞培养基3。因此,培养基5作为发酵培养基时最有利于漆酶的分泌,选择培养基5进行后续实验。培养基5的具体组成成分见表5-1。

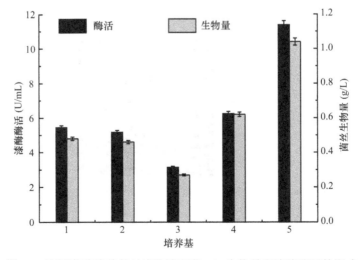

图5-5 不同发酵培养基对疣孢漆斑菌R-37生物量和漆酶酶活的影响

2. 内生真菌R-37发酵条件对产酶的影响

1）碳源种类对菌株产酶的影响

碳占真菌细胞干重的一半，碳源是菌体碳架的来源，为菌体生长提供能量（李鑫等，2013）。图5-6表明，葡萄糖作为碳源时漆酶活力和生物量均最高；其余4种碳源酶活和生物量都较低，酶活大小依次为葡萄糖＞蔗糖＞麦芽糖＞乳糖＞淀粉。因此，在实验的几种碳源中，葡萄糖作为培养基的碳源时最有利于菌株生长和漆酶的分泌。葡萄糖作为微生物代谢过程中最易利用的单糖之一，也是半知真菌拟盘多毛孢（*Pestalotiopsis* sp.）产漆酶的最优碳源（Hao et al., 2007）。

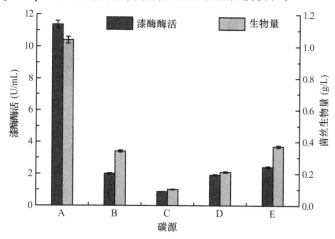

图5-6 不同碳源对疣孢漆斑菌R-37生物量和漆酶酶活的影响
A. 葡萄糖；B. 蔗糖；C. 淀粉；D. 乳糖；E. 麦芽糖

2）氮源种类对菌株产酶的影响

氮源对菌体合成蛋白质、核酸等含氮物质有重要作用，直接关系到真菌的生长和产酶（El-Batal et al., 2015；李鑫等，2013）。以无机氮如硝酸铵、氯化铵为氮源时，漆酶酶活和生物量均较低；而以有机氮源酵母粉、蛋白胨和牛肉膏为氮源时，漆酶酶活和生物量均较高（图5-7）。说明相比无机氮源，有机氮源含有的各种氨基酸对菌株的生长更加有利，可直接被菌体吸收利用。其中以蛋白胨为氮源时，漆酶酶活和生物量最高分别可达到11.39U/mL±0.14U/mL和1.06g/L±0.10g/L。因此以蛋白胨为后续研究的氮源。

3）培养温度对菌株产酶的影响

温度通过影响真菌细胞内的生化反应进而影响真菌产酶。随温度升高，酶活和生物量均增大，在28～32℃范围内，酶活和生物量相对较高，其中30℃最有利于R-37菌株生长并且产漆酶活性最高（图5-8）。高于30℃时，不利于菌株生长，生物量和酶活下降。说明过高或过低的培养温度都不利于菌株的生长和漆酶的合成。因此，最适温度为30℃。

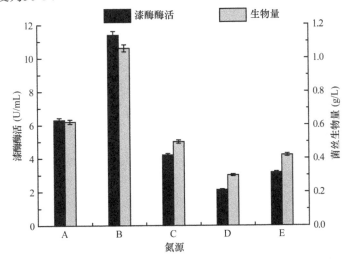

图5-7 不同氮源对疣孢漆斑菌R-37生物量和漆酶酶活的影响
A. 酵母粉；B. 蛋白胨；C. 牛肉膏；D. 氯化铵；E. 硝酸铵

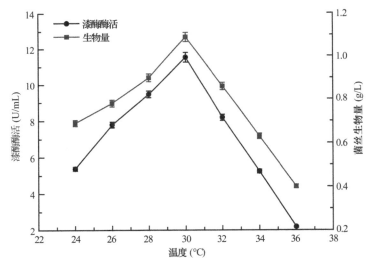

图5-8 培养温度对疣孢漆斑菌R-37生物量和漆酶酶活的影响

4）培养时间对菌株产酶的影响

从图5-9可以看出，发酵开始菌丝就开始快速生长，4天后增长开始放缓，菌丝体进入稳定生长阶段，至第6天，生物量达到最大值1.11g/L±0.11g/L，此后开始快速下降。从发酵开始，菌株开始产生酶活，发酵的第4天酶活达到最大值13.53U/mL±0.09U/mL。随着时间增加，酶活迅速降低，在第10天时保持了部分酶活。从以上结果分析可知,随着菌丝体的生长,生物量迅速增加,同时开始产生酶活,且在前期快速增长,当菌丝体生长逐渐稳定时,漆酶酶活开始下降,这说明菌丝体通过初生代谢,利用次生代谢来合成次生代谢产物,使其快速生长。因此确定此菌株后续发酵条件的培养时间为4天。

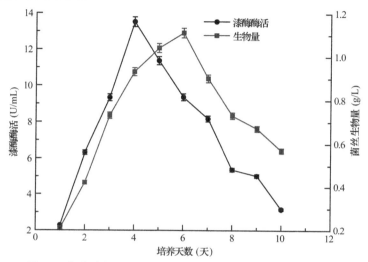

图5-9 培养时间对疣孢漆斑菌R-37生物量和漆酶酶活的影响

5) 培养基初始pH对菌株产酶的影响

培养基初始pH从3上升至6,发酵液的漆酶活性和生物量逐步升高,并且在pH为6时,酶活和生物量均达到最大,分别为15.26U/mL±0.10U/mL和1.29g/L±0.13g/L;之后,随pH的升高,漆酶活性降低,当pH为9时,漆酶活性和生物量骤降(图5-10),说明碱性条件下,菌株生长和产漆酶都会受到严重抑制。

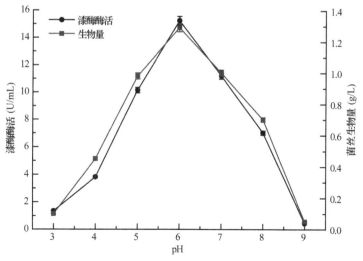

图5-10 培养基初始pH对疣孢漆斑菌R-37生物量和漆酶酶活的影响

3. 中心组合设计与响应面优化漆酶的产量

1) 响应面设计与结果

根据单因素实验结果,选取培养时间、培养温度及培养基初始pH作为中心组合设计的3个显著影响因素,选用发酵培养基5为菌株R-37发酵产漆酶培养基。通过响应面分析方法,确定菌株产酶最佳发酵工艺条件。从表5-5所示的实验结果看出,实验值与预测值比较接近,因此,中心组合设计模型预测准确。

表5-5 不同培养条件下漆酶酶活的中心组合实验结果

实验组	因素			漆酶酶活(U/mL)	
	X_1(时间,天)	X_2(温度,℃)	X_3(pH)	实验值	预测值
1	-1 (2)	-1 (28)	-1 (5)	5.63	5.46
2	1 (6)	-1 (28)	-1 (5)	11.95	11.88
3	-1 (2)	1 (32)	-1 (5)	4.01	3.84
4	1 (6)	1 (32)	-1 (5)	8.03	7.86
5	-1 (2)	-1 (28)	1 (7)	6.44	6.30
6	1 (6)	-1 (28)	1 (7)	11.51	11.36
7	-1 (2)	1 (32)	1 (7)	7.59	7.32
8	1 (6)	1 (32)	1 (7)	10.12	9.98
9	-1.68 (0.64)	0 (30)	0 (6)	1.82	2.12
10	1.68 (7.36)	0 (30)	0 (6)	9.55	9.75
11	0 (4)	-1.68 (26.64)	0 (6)	11.68	11.88
12	0 (4)	1.68 (33.16)	0 (6)	9.05	9.36
13	0 (4)	0 (30)	-1.68 (4.32)	7.43	7.66
14	0 (4)	0 (30)	1.68 (7.68)	9.84	10.14
15	0 (4)	0 (30)	0 (6)	16.28	16.24
16	0 (4)	0 (30)	0 (6)	16.53	16.24
17	0 (4)	0 (30)	0 (6)	16.49	16.24
18	0 (4)	0 (30)	0 (6)	15.82	16.24
19	0 (4)	0 (30)	0 (6)	15.97	16.24
20	0 (4)	0 (30)	0 (6)	16.41	16.24

2) 回归模型的建立及其显著性检验

用Design Expert 8.0软件对表5-5实验数据进行多元回归拟合,得到漆酶酶活(Y)

对培养时间（X_1）、培养温度（X_2）和培养基初始pH（X_3）的二次多项回归模型：

$$Y=16.24+2.27X_1-0.75X_2+0.74X_3-0.60X_1X_2-0.34X_1X_3+0.66X_2X_3-3.65X_1^2-1.99X_2^2-2.60X_3^2 \qquad (5\text{-}3)$$

拟合方程的方差分析数据结果如表5-6所示。由表可知，该模型的失拟项P值为0.3627，证明失拟项差异不显著；模型显著性检验的P值低于0.0001，证明拟合度显著，模型拟合成功。模型的相关系数R^2为0.9974，表明相关性很好；校正相关系数R^2为0.9950，说明响应面的变化可以用模型解释，模型与实际情况拟合较好。故通过回归方程可以很好地解释相应结果，并能够准确地预测最佳培养基条件，具有实用价值。各因素中一次项X_1、X_2、X_3均为极显著（$P<0.0001$）；二次项X_1^2、X_2^2、X_3^2均为极显著；二次项X_1X_2、X_2X_3均为显著（$P<0.01$）。由此可见，响应值受各种实验因素的影响复杂，不能用简单的线性关系表示。由F值大小可知，影响菌株产酶的显著性顺序依次为培养时间＞培养温度＞培养基初始pH。

表5-6 模型回归方差分析

来源	平方和	自由度	均方	F值	P值	显著性
模型	387.31	9	43.03	422.29	＜0.0001	显著
X_1	70.10	1	70.10	688.17	＜0.0001	
X_2	7.62	1	7.62	74.84	＜0.0001	
X_3	7.46	1	7.46	73.23	＜0.0001	
X_1X_2	2.93	1	2.93	28.75	0.0003	
X_1X_3	0.94	1	0.94	9.21	0.0126	
X_2X_3	3.51	1	3.51	34.47	0.0002	
X_1^2	191.68	1	191.68	1881.84	＜0.0001	
X_2^2	57.21	1	57.21	561.64	＜0.0001	
X_3^2	97.72	1	97.72	959.40	＜0.0001	
残差	1.02	10	0.10			
失拟项	0.59	5	0.12	1.39	0.3627	不显著
决定系数R^2	0.9974					
校正的决定系数R^2	0.9950					

3）响应面分析

根据回归方程利用Design Expert 8.0绘出响应面分析图，通过图形能形象地分析响应值与实验参数水平之间的关系（Sharma et al.，2009）。图5-11中各图是由响应值和各实验因子构成的立体曲面图，显示了培养时间、培养温度及培养基初始pH中任意两个变量取零水平时，其余两个变量对菌株产漆酶的影响。

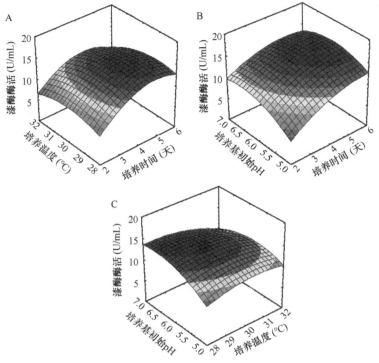

图5-11 疣孢漆斑菌R-37产漆酶的响应面优化（彩图请扫封底二维码）
A. 培养时间和培养温度；B. 培养时间和培养基初始pH；C. 培养温度和培养基初始pH

图5-11A反映了培养时间和培养温度对漆酶酶活的交互影响。培养时间对漆酶酶活的影响是最大的，随时间增加和温度升高，漆酶酶活也升高，而当超过一定培养时间和温度后，漆酶酶活开始下降。这可能是由于培养基中的营养物质被逐渐耗尽，进一步影响菌株的生长，从而导致酶的分泌减少，而温度过高会使酶活性降低或失活。

图5-11B反映了培养时间和培养基初始pH对漆酶酶活的交互影响。培养基初始pH从5到6.22时，漆酶酶活逐渐提高，当pH继续增加时，漆酶酶活则越来越低。这可能是由于过低的pH或过高的pH影响真菌生长，抑制漆酶合成代谢，导致漆酶酶活降低。说明合适的pH有益于内生真菌生长和漆酶的合成。

图5-11C反映了培养温度和培养基初始pH对漆酶酶活的交互影响。随培养基初始pH和温度的升高，漆酶酶活先增加后下降。这可能是由于过高的温度抑制菌丝生长，因此导致酶活降低。说明合适的温度及pH有利于菌体生长和代谢，促进次生代谢产物产生，增加漆酶产量。

4）菌株产酶最优培养条件及验证实验

通过Design Expert 8.0软件分析，预测产漆酶的最优培养条件为：培养时间4.44

天,培养温度29.73℃,培养基初始pH 6.22,模型预测漆酶酶活为16.64U/mL。考虑到实际操作,将培养时间和培养温度分别改变为5天和30℃。

为检验响应面法的可行性,采用得到的最优条件进行菌株产漆酶的验证实验。在最优条件下,漆酶酶活为16.52U/mL±0.18U/mL,与模型的预测值基本一致,说明利用模型能较好地进行预测,可用于该菌株漆酶培养条件的优化。

5.4.3 特异性产漆酶木豆内生真菌的染料脱色应用

1. 最适反应温度及热稳定性

作为化学反应,反应速率受温度的影响较大,酶活随温度的变化而变化,过低的温度会降低酶活,进而使其催化反应进程变慢;随着温度的升高,蛋白质的分子内能增加,活性有所增强,达到一定温度后,酶的构象被改变,使其变性失活(赵亮亮,2010)。温度通过以上作用控制酶活,正效应和负效应一直处于竞争状态。随温度升高,温度使酶变性的负效应越来越明显。

由图5-12A可知,在一定范围内,随温度升高,漆酶相对酶活先增加后降低,在45℃时,菌株R-37产生的漆酶相对酶活最高,为菌株R-37产漆酶的最适反应温度;75℃时,漆酶相对酶活最低;在35~55℃,漆酶相对酶活均在80%以上;在55~75℃,漆酶相对酶活迅速下降,说明在这个阶段,漆酶变性失活较快。

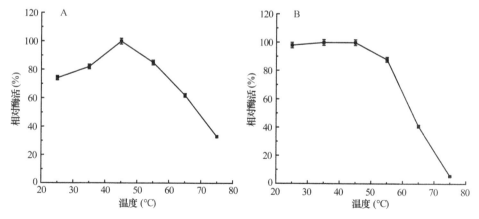

图5-12 温度对疣孢漆斑菌R-37漆酶活性的影响(A)及热稳定性(B)

由图5-12B可知,25~45℃保温2h后,漆酶相对酶活均在98%以上,相对来说比较稳定,说明在这个温度范围内,漆酶相对酶活能够维持较长时间,不会立即失活;温度高于55℃之后,保温2h后,漆酶相对酶活下降较快,至75℃时,漆酶相对酶活下降至5%左右,说明高温会使漆酶的热稳定性变差。

2. 最适pH及pH稳定性

由图5-13A可知，pH在3.5~8.5，随pH的升高，漆酶相对酶活先增加后降低，pH为4.5条件下，漆酶相对酶活最高，说明该酶催化ABTS反应的最适pH为4.5。pH在4.5~6.5时，漆酶相对酶活达到70%以上；pH为8.5条件下，漆酶相对酶活下降至20%以下，说明在酸性环境下有利于该酶活性的提高。

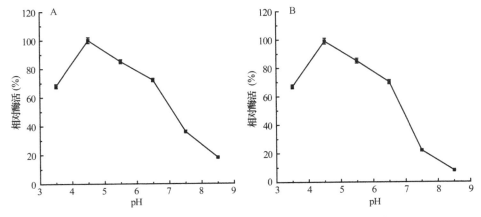

图5-13　pH对疣孢漆斑菌R-37漆酶活性的影响（A）及pH稳定性（B）

由图5-13B可知，pH在3.5~8.5保温2h后，随pH的升高，漆酶相对酶活先增加后降低，pH为4.5时，保温2h后，漆酶相对酶活保持在98%以上，说明pH为4.5条件下，漆酶稳定性最好。pH在4.5~6.5时，漆酶相对酶活均在70%以上；pH大于6.5后，保温2h后，漆酶相对酶活迅速降低；pH为8.5时，漆酶相对酶活下降至10%以下，说明该漆酶在碱性环境下不稳定，但是在酸性环境下较稳定。

3. 漆酶和漆酶/ABTS介质系统对染料脱色性能的比较

用0.1mol/L磷酸氢二钠-柠檬酸缓冲液（pH 4.5）配制不同染料的反应体系：偶氮染料反应体系（刚果红30mg/L、粗酶液1.0U/mL、ABTS 0.01mmol/L）；三苯甲烷染料（结晶紫25mg/L、粗酶液1.0U/mL、ABTS 0.01mmol/L）及不加ABTS的两种染料反应体系，将它们同时放入45℃恒温水浴中反应，每隔一定时间分别测定各染料最大吸收波长（497nm和577nm）处吸光值，计算脱色率。

刚果红和结晶紫两种染料的脱色率随反应时间的平衡曲线如图5-14所示，漆酶和漆酶/ABTS介质系统对两种染料均有一定脱色效果。无添加介质ABTS时，漆酶单独作用，反应24h时，对偶氮染料刚果红和三苯甲烷染料结晶紫的脱色率分别为51.14%±0.13%和33.42%±0.17%；对于偶氮染料刚果红而言，漆酶单独作用时，反应8h后，随时间延长对脱色率的影响不大，说明反应达到了平衡，此时脱色率可达到50.01%±0.21%；对于三苯甲烷染料结晶紫而言，漆酶单独作用时，反应12h后，随时间延长对脱色率的影响不大，说明反应达到了平衡，此时脱色率可达到32.71%±0.24%。添加介质ABTS后，反应24h时，对偶氮染料刚果红和三苯甲烷染料结晶紫的脱色率分别为89.11%±0.14%和75.34%±0.27%；在一定作用时间内，两种染料的脱色率均随反应时间的延长而增加，之后，随时间的延长，脱色率基本上没有显著变化。偶氮染料刚果红的反应平衡时间是4h，此时脱色率为87.53%±0.21%；三苯甲烷染料结晶紫的反应平衡时间是8h，此时脱色率为74.03%±0.27%。加入ABTS介质后，两种染料的脱色率均显著提高，且对偶氮染料刚果红染料的脱色效果好于三苯甲烷染料结晶紫染料的脱色效果。

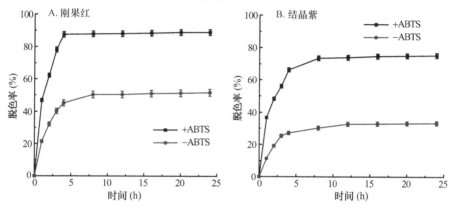

图5-14 反应时间对漆酶和漆酶/ABTS介质系统染料脱色的影响

与偶氮染料相比，三苯甲烷染料更稳定，更难降解，因此需要更多的时间来进行降解脱色（Sharma et al., 2015）。分析得出，ABTS介质可提高漆酶的脱色效果，增加脱色率的同时缩短脱色平衡时间。可能是小分子介质ABTS能够降低电子供体和电子受体间的电子传递难度，使电子传递效率提高，从而促进染料降解（赵世光等，2016）。综上所述，后续对两种染料的脱色实验均利用漆酶/ABTS介质系统，脱色的平衡时间分别为刚果红4h和结晶紫8h。

漆酶不能直接利用偶氮染料和三苯甲烷染料作为底物，这两类染料也不能被漆酶直接脱色，本研究刚果红和结晶紫两种染料能够被漆酶粗酶液脱色，可能是由于粗酶液中含有真菌代谢物的一些小分子能够协助漆酶催化非底物的染料脱色（Cañas and Camarero, 2010）。

4. pH对漆酶/ABTS介质系统染料脱色的影响

用pH分别为3.5、4.5、5.5、6.5、7.5、8.5的缓冲液配制上述两种染料反应体系，在45℃的水浴中进行脱色反应，研究pH对染料脱色率的影响（图5-15）。

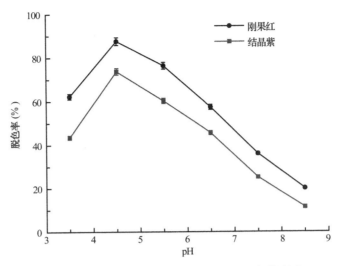

图5-15 pH对漆酶/ABTS介质系统染料脱色的影响

图5-15显示，在一定pH范围内，随着pH增加，两种染料的脱色率先增加后降低。当pH为4.5时，刚果红的脱色率达到最大为87.59%±0.15%；pH在4.5~5.5的范围内，刚果红脱色率较高，基本在75%以上；pH在5.5~8.5时，刚果红脱色率迅速下降，pH为8.5时，下降至20%左右。因此，该漆酶/ABTS介质系统对刚果红的最佳脱色pH为4.5。结晶紫的脱色率表现出相同的变化规律。pH为4.5时，达到最大的脱色率73.80%±0.28%；pH在4.5~5.5时，脱色率均在50%以上；当pH高于5.5时，脱色率迅速下降；当pH为8.5时，下降至10%左右。因此，该漆酶/ABTS介质系统对结晶紫的最佳脱色pH为4.5。这说明酸性条件有利于漆酶的脱色。碱性条件下脱色率迅速降低，可能是漆酶中的铜离子发生了络合反应（马承富，2016）。酶催化反应的最适pH受底物和酶自身的性质影响，不同的pH会使底物的分子状态和酶分子的空间构象不同，进而影响其催化反应速率。同时，pH还影响酶蛋白表面的电荷分布和解离（张跻，2007）。

5. 温度对漆酶/ABTS介质系统染料脱色的影响

根据上节两种染料的最适pH（刚果红4.5、结晶紫4.5）调节反应体系的pH至最佳，分别放入25℃、35℃、45℃、55℃、65℃、75℃恒温水浴中反应，研究温度对染料脱色率的影响。

根据图5-16可知，两种染料的脱色率随温度的变化趋势一致，均随温度的升高先升高后降低。刚果红的脱色率在35℃时达到最高，为90.32%±0.11%；温度在35~55℃时，脱色率均在80%以上；当温度大于55℃后，脱色率迅速下降；当温度上升至75℃时，脱色率为20%左右。相比刚果红，结晶紫的脱色率受温度的影响较为显著，脱色率在35℃时达到最高，为78.80%±0.13%，70℃时脱色率下降至8%左右。

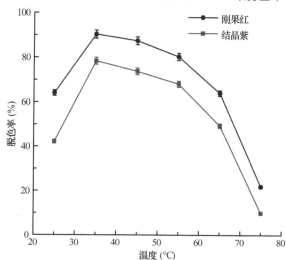

图5-16 温度对漆酶/ABTS介质系统染料脱色的影响

温度对酶促反应的影响可归结为两个方面：一是随温度升高，底物分子的内能增加，反应速率逐渐提高；二是过高的温度使蛋白质的分子内能增加，改变酶的构象，使其变性失活（赵亮亮，2010）。

6. 漆酶用量对漆酶/ABTS介质系统染料脱色的影响

适当稀释R-37漆酶酶液并分别加入各反应体系至终浓度分别为0.1U/mL、0.5U/mL、1.0U/mL、1.5U/mL、2.0U/mL、2.5U/mL、3.0U/mL，ABTS浓度为0.01mmol/L，35℃水浴条件下进行脱色反应，研究漆酶用量对染料脱色率的影响。

根据图5-17可知，随反应体系中漆酶用量增加，两种染料的脱色率先快速增加，当漆酶活力达到1.5U/mL后，脱色率不再随漆酶用量的增加而增大，逐渐趋于稳定。两种染料的最终脱色率存在差异性，刚果红最终脱色率能达到93%左右，结晶紫的仅达到81%左右。

以上结果显示，较低的漆酶用量对染料的脱色效果很差，这是由于漆酶用量少使漆酶体系中活性位点减少，导致染料不能与其充分接触，进而无法发挥漆酶的最大效能。在一定范围内随漆酶用量增加，漆酶的活性位点逐渐增多，与染料分子的结合更加充分，漆酶能发挥其最大效能，脱色率也随之提高（马承富，2016）。当体系中漆酶足够时，继续增加漆酶用量，脱色率不再随着漆酶用量的增加而增大，这是因为漆酶过量导致底物不足，因而漆酶用量增加，对染料的脱色率提升不大。

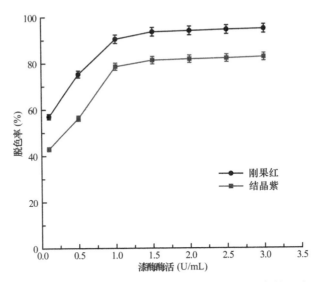

图5-17 漆酶用量对漆酶/ABTS介质系统染料脱色的影响

7. ABTS浓度对漆酶/ABTS介质系统染料脱色的影响

在两种染料反应体系中分别加入终浓度为0.001mmol/L、0.005mmol/L、0.01mmol/L、0.015mmol/L、0.02mmol/L、0.025mmol/L的ABTS，在35℃水浴条件下进行脱色反应，研究ABTS浓度对染料脱色率的影响。

根据图5-18可知，随ABTS浓度增加，两种染料的脱色率均先快速增加后又缓慢增加。说明在一定的浓度范围内，ABTS有利于催化刚果红和结晶紫染料脱色，超过

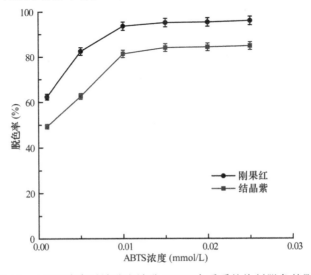

图5-18 ABTS浓度对漆酶和漆酶/ABTS介质系统染料脱色的影响

一定浓度后，其对染料的脱色率影响不大。当浓度为0.015mmol/L时，刚果红和结晶紫两种染料的脱色率均达到最大，分别为93%左右和81%左右。虽然漆酶的底物不包含偶氮染料和三苯甲烷染料，但通过ABTS的作用，可使漆酶与非酶底物发生氧化反应（赵亮亮，2010）。ABTS先被漆酶氧化为自由基，然后通过自由基再将染料氧化。随着ABTS用量的增加，自由基的数量也增加，脱色率随之增加。当ABTS浓度高于0.015mmol/L后，会对两种染料的脱色效果不明显。Pan等（2014）也曾证实过量的ABTS介质对漆酶脱色的效果不明显。综合考虑ABTS的应用效果及其价格，最终选择ABTS浓度为0.015mmol/L。

8. 染料浓度对漆酶/ABTS介质系统染料脱色的影响

将偶氮染料反应体系中的刚果红浓度分别调节至10mg/L、30mg/L、50mg/L、80mg/L、100mg/L、120mg/L、150mg/L，ABTS浓度为0.015mmol/L，漆酶酶活为1.5U/mL，在35℃水浴、pH 4.5条件下进行脱色反应。三苯甲烷染料反应体系中的结晶紫浓度分别调节至10mg/L、25mg/L、50mg/L、75mg/L、100mg/L、125mg/L、150mg/L，ABTS浓度为0.015mmol/L，漆酶酶活为1.5U/mL，在35℃水浴、pH 4.5条件下进行脱色反应，研究染料浓度对染料脱色率的影响。

根据图5-19可知，刚果红和结晶紫的脱色率均随着染料浓度的增加而增大，当刚果红浓度超过50mg/L，结晶紫的浓度超过25mg/L，二者的脱色率均呈下降趋势。刚果红在染料浓度为10～100mg/L范围内脱色率较高，结晶紫在染料浓度为10～75mg/L范围内脱色率较高。所以刚果红和结晶紫的适宜浓度分别50mg/L和25mg/L。

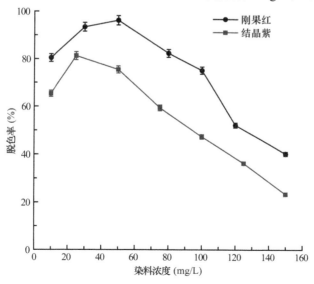

图5-19 染料浓度对漆酶/ABTS介质系统染料脱色的影响

当体系中漆酶浓度一定时，较低的染料浓度导致漆酶活性中心与底物染料结合不完全，染料浓度的提高，增加了中间的复合物和产物，提高了反应速度。染料浓度较高时，影响酶的催化性能，从而对脱色产生抑制（杨波等，2013）。

参考文献

李鑫, 李建科, 董攀, 等. 2013. 白腐菌发酵培养及诱导剂对漆酶合成的影响. 食品工业科技, (05): 160-163.

马承富. 2016. 漆酶催化降解蒽醌染料及其固定化研究. 武汉纺织大学硕士学位论文.

王玉兵. 2012. 具有漆酶作用内生真菌的筛选分离及其特性研究. 桂林理工大学硕士学位论文.

吴文平. 1991. 河北省丝孢菌研究Ⅲ、漆斑菌属(*Myrothecium* Tode : Fr)的四个种. 河北省科学院学报, 8(1): 69-74.

杨波, 杜丹, 孙也, 等. 2013. 漆酶对活性黑KN-B和直接大红染料的脱色性能. 环境工程学报, 7(12): 4835-4840.

张跻. 2007. *Coriolus versicolor*产漆酶及其在染料脱色中的应用. 浙江大学硕士学位论文.

赵亮亮. 2010. 红芝发酵产漆酶及其在染料脱色中的应用研究. 广西师范大学硕士学位论文.

赵世光, 杨帆, 孔芳, 等. 2016. 漆酶/介质系统催化偶氮染料直接橙S脱色. 环境工程学报, 10(07): 3912-3918.

Cañas AI, Camarero S. 2010. Laccases and their natural mediators: Biotechnological tools for sustainable eco-friendly processes. Biotechnology Advances, 28(6): 694-705.

El-Batal AI, ElKenawy NM, Yassin AS, et al. 2015. Laccase production by *Pleurotus ostreatus* and its application in synthesis of gold nanoparticles. Biotechnology Reports, 5: 31-39.

Hao JJ, Song FQ, Huang F, et al. 2007. Production of laccase by a newly isolated deuteromycete fungus *Pestalotiopsis* sp. and its decolorization of azo dye. Journal of Industrial Microbiology and Biotechnology, 34(3): 233-240.

Lakeman FD, Whitley RJ. 1995. Diagnosis of herpes simplex encephalitis: Application of polymerase chain reaction to cerebrospinal fluid from brain-biopsied patients and correlation with disease. Journal of Infectious Diseases, 171(4): 857-863.

Larriba E, Jaime MDLA, Carbonell-Caballero J, et al. 2014. Sequencing and functional analysis of the genome of a nematode egg-parasitic fungus, *Pochonia chlamydosporia*. Fungal Genetics and Biology, 65: 69-80.

Pan K, Zhao NN, Yin Q, et al. 2014. Induction of a laccase Lcc9 from *Coprinopsis cinerea* by fungal coculture and its application on indigo dye decolorization. Bioresource Technology, 162: 45-52.

Sharma D, Goel G, Sud A, et al. 2015. A novel laccase from newly isolated *Cotylidia pannosa* and its application in decolorization of synthetic dyes. Biocatalysis and Agricultural Biotechnology, 4(4): 661-666.

Sharma S, Malik A, Satya S. 2009. Application of response surface methodology (RSM) for optimization of nutrient supplementation for Cr (VI) removal by *Aspergillus lentulus* AML05. Journal of Hazardous Materials, 164(2-3): 1198-1204.

Zhang QH, Zhang J, Yang L, et al. 2014. Diversity and biocontrol potential of endophytic fungi in *Brassica napus*. Biological Control, 72: 98-108.

第6章 展 望

通过对药用植物内生真菌的研究，可分离得到能够产生与寄主植物相同或相似的活性次生代谢产物的内生真菌，但这类菌株往往需要加工改造，提高其相应成分的产量。对其发酵工艺进行优化，在较高产量和得率的前提下，才能进入天然药物生产。目前，关于内生真菌的研究仍然处于起步阶段，对于菌种改造、发酵条件优化、代谢产物调节、产量提高、天然药物结构转化、毒性降低等方面的工作都有待于进一步拓展和研究。

当今世界，关于植物内生真菌的开发利用已得到了人们广泛的关注。通过对其全面的、系统的研究，不仅能够推动内生真菌的研究向更深入、更全面的多元化方向发展，也为人类寻找天然药物资源提供新的途径。同时，将内生真菌的研究与药用植物研究相结合，应用生物学与化学相结合的方法进行活性成分的筛选和研究，以期发现有特色的、新的次生代谢产物，提高药用植物活性成分的产量和得率，对推动药用植物的研究开发及药物资源的可持续利用具有重要意义。木豆，历史悠久，分布广泛，并且有着显著的医药价值和保健功能，从木豆中分离得到的内生真菌，能够产生具有显著生物活性的独特的次生代谢产物，将为木豆内生真菌次生代谢产物在农业、医药等领域的研发拓展新思路。